HAFTUNGSAUSSCHLUSS / DISCLAIMER

Bitte beachten Sie:

Die in diesem Buch gezeigten Inhalte, Aktivitäten, Überlebenstechniken und sonstige Herausforderungen können gefährlich sein und bergen ernsthafte Verletzungs- oder Lebensgefahr. Die Nachahmung der gezeigten Szenen wird ausdrücklich nicht empfohlen. Wenn Sie sich für Outdoor-Aktivitäten oder Survival-Techniken interessieren, wenden Sie sich an ausgebildete Fachleute oder besuchen Sie zertifizierte Trainingskurse.

Sollten Verletzungen auftreten, rufen Sie bitte sofort kompetente medizinische Hilfe. Nur für den absoluten Ausnahmefall, dass diese ausnahmsweise nicht oder nicht rechtzeitig erreichbar ist und bei weiterem Zuwarten schwere Verletzungen und/oder Lebensgefahr drohen, sollten die beschriebenen Notfallmaßnahmen ohne medizinisches Fachpersonal durchgeführt werden.

Autoren und Verlag übernehmen keinerlei Haftung für Schäden oder Verletzungen, die durch das Nachahmen von Inhalten dieser Serie oder der Durchführung von Notfallmaßnahmen ohne medizinisches Fachpersonal entstehen.

JOE VOGEL

7 VS. WILD

DER OFFIZIELLE SURVIVAL-GUIDE

PENGUIN VERLAG

INHALT

»Life begins at the end of your comfort zone.«

Frühjahr 2020: Die Planung für die erste Staffel ist in vollem Gange. Eine Challenge draußen in der Natur, dem neuen Sehnsuchtsort nach Monaten des Lockdowns und der Reisebeschränkungen. Dass 7vs.Wild später so einschlagen wird, war noch nicht absehbar.

Ein Vorwort von Fritz Meinecke

7vs.Wild ist aus einem privaten Projekt, aus der Idee einer kleinen Challenge entstanden. Die Grundidee hat sich über mehrere Jahre entwickelt, in denen ich die ganze Survival-Bushcraft-Bubble sowohl auf YouTube als auch im TV verfolgt habe.

Angefangen hat alles mit Büchern von Rüdiger Nehberg und DMAX-Formaten wie *Bear Grylls* und *Survival-Duo*. Ich habe das nach und nach auch ausprobiert, ein bisschen trainiert, Techniken ausprobiert und selbst YouTube-Filme gemacht. Das Thema »Survival« ist so komplex, dass man da immer was machen kann. Die Themen gehen einem nie aus.

Allerdings – und das vergessen und missverstehen manche Leute – hatte ich bei Youtube noch nie einen Survival-Kanal. Ursprünglich habe ich mit Lost-Place-Erkundungen und Geocachen angefangen und habe dann langsam begonnen, mich für Bushcraft und Survival zu interessieren. Insgesamt hat sich mein Kanal zu einem Outdoor-Abenteuer-Kanal entwickelt. Survival war nur ein Teilbereich davon.

»Ich mache, auf was ich Lust habe.«

Wer auf meinem Kanal mal alle Videos durchscrollt, bemerkt, dass ich alles Mögliche gemacht habe. Vom Tauchen über Lost-Place-Erkundungen bis zu ganz klassischen Trekkingtouren auf Wanderrouten. Mal ultralight, mal mit Militärausrüstung. Man findet Fahrradtouren, aber auch, wie ich sechs Monate in einer komplett umgebauten G-Klasse gelebt habe. Und eben auch Bushcraft- und Survival-Content.

Je nachdem, worauf ich gerade Lust hatte.

Das ist jetzt immer noch so: Derzeit interessiere ich mich für Ultra-Cycling- und Bikepacking-Rennen. Für manche, die über 7vs.Wild-Content auf meinen Kanal gekommen sind und mich als Survival-YouTuber wahrnehmen, ist das ein scheinbarer Bruch. **Aber ich bleibe dem treu, was ich schon immer mache.**

Beim Bikepacking muss ich mich um dieselben Dinge wie beim Survival kümmern: Wann und wo schlafe ich, wie komme ich an Nahrung und Getränke, um meine Leistung zu erhalten? Ob im zivilen und urbanen Umfeld oder in Kirgisistan, wo man 200 Kilometer weit nichts als eine Jurte und eine Viehherde findet.

Und wer weiß, vielleicht fange ich in einem halben Jahr an, als Selbstversorger Tomaten Himbeeren und Melonen zu züchten.

iese Mischung der Themen ist es, die mir o viel Freude bringt. Wenn man das alles usammen betrachtet, bin ich eben kein 00-prozentiger Survival-Typ, sondern lebe n Moment. So ist auch 7vs.Wild entstanden.

elativ früh in dieser ganzen Entwicklung atte ich nämlich das erste Mal den Gedan- en: Irgendwie wäre es schon mal geil, sich rgendwo für ein paar Tage aussetzen zu assen. Sich in ein richtiges Szenario zu ver- etzen und nicht hier mal eine Technik an- uwenden, dort mal einen Shelter zu bauen, ondern wirklich alles auch mal in einer hallenge auszuprobieren. Da ging es aber och lange nicht um andere Teilnehmende, ondern ausschließlich um mich.

Damals gab es für mich aber noch nicht ie Möglichkeiten und ich habe die Idee rstmal wieder auf Eis gelegt.

rgendwann habe ich dann über Mattin Max und Johannes kennen gelernt und er Gedanke kam wieder auf: Was, wenn nan mehrere Leute gleichzeitig aus- etzt? Jeder macht die Dinge ein wenig nders und man kann dann im Film im- ner wieder hin und her switchen und chauen, wie das die anderen machen. Vie würde jeder Einzelne mit Einsam- eit, Ressourcenmangel, Nahrung, Vasser und den sicherlich auftreten- en Problemen umgehen?

amit war das Rad natürlich nicht eu erfunden, aber auf YouTube ab es das so noch nicht.

oto: MalaraVan Thanabalasingam – vanfx.de

Aber das neue Konzept mit mehr als nur mir als Teilnehmer bedeutete auch mehr Aufwand. Man bräuchte ein kleines Orga-Team. Eine Aussetzung und Abholung mit einem Boot wäre schon cooler als über einen Wanderweg und es wirkt gleich anders, wenn zusätzlich zu den Gopros noch professionell gefilmt wird.

Also habe ich Max und Johannes irgendwann mal eine Sprachnachricht geschickt. Wie sieht es aus? Hättet ihr Bock? Und das war die eigentliche Geburtsstunde von 7vs.Wild. Dass dieses Projekt in meiner eigenen Community funktionieren würde, war klar. Einfach schon, weil es sich für uns ziemlich cool angehört hatte. Dass es aber so viral durch die Decke gehen würde, konnte niemand ahnen und das war nie das Ziel.

Wir haben lange hin und her überlegt: Wie lange machen wir das? Ein Monat ist viel zu krass. Bei Extremformaten hast du sowas wie »Last Man Standing«, also bis alle außer einem aufgeben, oder zum Beispiel 4 Monate. Ich wollte mich aber erstmal persönlich herantasten. Also warum nicht ganz klassisch »eine Woche«? Das sind mit An- und Abreise 10 Tage, so viel Zeit hat jeder mal – denn es müssen sich ja auch Teilnehmende finden, die Bock und Zeit haben.

So war die »7« geboren: 7 Tage. Und weil ich ein Freund davon bin, Dinge simpel herunterzubrechen, haben wir im Team ziemlich schnell gesagt: 7 Teilnehmende, 7 Ausrüstungsgegenstände und 7 Tage lang. Was dann noch blieb, war, verschiedene Leute anzuschreiben und zu fragen, ob sie Bock darauf hätten.

Dabei war die Wahl der Teilnehmenden nicht einfach. Die Aussetzung stellt zwar in etwa dieselben Anforderungen an alle, aber dann gibt es da jemanden, der gar keine Ahnung hat, neben jemandem, der sowas schon seit Jahren macht.

Diese unterschiedlichen Teilnehmenden stellen sicher, dass man als Zuschauer auch verschiedene Herangehensweisen sieht. Wenn nur Personen mit dem gleichen Skill-Level teilnehmen würden, würden alle alles ziemlich ähnlich machen. Das wäre langweilig. **Wir haben eine bunte Mischung gebraucht, damit es spannend wird.** Erfahren, unerfahren, jung, älter, männlich, weiblich, introvertiert und extrovertiert. Das hat bei allen Staffeln genau so funktioniert, wobei wir bei der experimentellen *Staffel 1* noch nicht diesen gesellschaftlichen Querschnitt hatten.

Dabei war die Auswahl tatsächlich nicht darauf ausgelegt, dass irgendjemand an seine absoluten Grenzen kommt oder gar abbrechen muss. Das kann man auch gar nicht planen, was man in den vergangenen Staffeln auch immer wieder gesehen hat. Es gab immer wieder Überraschungen. Manche, die sehr früh abgebrochen haben, und andere, die durchgehalten haben.

Eine Rolle gespielt hat natürlich das Balancing, also eine »Erschwerung« für etwas erfahrenere Teilnehmerinnen und Teilnehmer und eine »Vereinfachung« für Survival-Anfänger. Außerdem sollte das Szenario ausreichend anspruchsvoll sein, aber dennoch irgendwie schaffbar. Das hört sich zwar einfach an, ist aber superschwierig umzusetzen, da es vor der eigentlichen Aussetzung nur ein reines theoretisches Gedankenspiel ist. Wie sich so etwas dann in der Realität darstellt, weiß niemand. Wir haben darüber sehr lange in der Gruppe diskutiert.

Foto: MalaraVan Thanabalasingam – vanfx.de

Für mich war hilfreich, dass ich Erfahrungen als Teilnehmer sammeln und mich dann hineinversetzen konnte: Wie sieht es mit nächtlicher Kälte, Nässe, Schutz und Ressourcen vor Ort aus? Max und Johannes konnten sich dann in die »Laienseite« hineinversetzen und sagen: »Okay, für mich als Laie hört sich das absolut krass an« – und ich dagegen sagte: »Sorry, aber wenn man etwas Ahnung hat, ist das viel zu einfach«, oder auch: »Das ist jetzt echt schon hart an der Grenze, das könnte kritisch werden.«

»Einen echten Plan B hat es nie gegeben.«

Letztendlich war das Balancing dann eher Bauchgefühl und es hat dennoch immer irgendwie geklappt, selbst wenn eine ungeplante Kältewelle oder Sturmflut dazwischenkam und die Leute psychisch komplett anders reagiert haben, als es sich alle vorgestellt hatten, und so weiter.

Einen Plan B hätte es auch nie gegeben und genau das macht das Projekt 7vs.Wild auch aus Produzentensicht so spannend.

Wenn an Tag 3 alle abbrechen müssen, ist das eben so. Ich hätte mir tatsächlich mal eine Staffel gewünscht, bei der niemand durchkommt oder alle schon an Tag 2 abbrechen müssen. Das wäre natürlich nicht ideal, was die Sendungsdauer und Finanzierung angeht, wenn das Ding ein bisschen zu schnell vorbeigeht. Aber ich hätte es spannend gefunden und es wäre die Realität der Challenge. Wobei man sagen muss, dass wir in Sachen Balancing und Herausforderungen immer dazugelernt und auch experimentiert haben.

Die Tagesaufgaben in *Staffel 1* und *2* zum Beispiel waren ein Eingriff von außen, weil wir mit 7 Tagen im Vergleich zu anderen Formaten zu Beginn die Sorge hatten, dass da möglicherweise zu wenig passiert.

Die Zuschauer konnten so die Herangehensweise an die Aufgaben zwischen den verschiedenen Charakteren beobachten. Wer macht was wie, wer verweigert sich der Challenge komplett? Außerdem konnten Punkte vergeben und so ein »Gewinner« bestimmt werden.

Nach *Staffel 2* haben wir aber gesagt, es hat zwar funktioniert, aber aus Teilnehmendensicht hat das doch so viel Zeit und Energie geraubt, dass Nahrungsbeschaffung, Craften, Trinkwasser und Shelterbau etwas auf der Strecke geblieben sind. In *Staffel 3* haben wir auf die Aufgaben verzichtet, weil das Format über 14 Tage ging und sich alles ausschließlich um das Überleben drehen sollte.

In *Staffel 4* dagegen gab es keine klassischen Challenges, sondern die Koffersuche. Damit wollten wir 3 Dinge erreichen. Weil der Bewegungsradius in den vergangenen Staffeln immer sehr klein war, sollte so erstens der Anreiz gegeben werden, die Umgebung zu erkunden und zu filmen.

Zweitens war schon die Entscheidung, einen Koffer zu holen oder nicht zu holen, ein wichtiger Punkt. Wie beurteilt die Gruppe den Kalorienverbrauch zum möglichen Nutzen? Wer kümmert sich um den Koffer? Ist das immer der- oder dieselbe oder wechselt das?

Und drittens war für uns besonders wichtig, dass wir so Hilfsmittel und Ausrüstung einstreuen konnten. Beispielsweise war Feuer zu Beginn eine wichtige Frage: Es gibt keine Säge und nur diese eine Fackel und nasse Streichhölzer. Zerkleinert man das Holz mühselig ohne Säge? Hält man das Feuer am Leben und muss Feuerwache machen, um es nicht zu verlieren? Genau das, was letztendlich auch stattgefunden hat.

Irgendwann ist aber auch das für die Zuschauer auserzählt. Und dann finden sich in den Koffern an Tag 3 plötzlich der Feuerstahl

»In jeder Staffel haben wir dazugelernt.«

Abenteurer:
Der gebürtige Magdeburger Fritz Meinecke gehört zu den bekanntesten YouTubern Deutschlands. Vor seiner Internetkarriere schloss er eine Ausbildung zum Bankkaufmann sowie zum Digital Artist ab. Seit 2014 betreibt er seinen YouTube-Hauptkanal.

Foto: MalaraVan Thanabalasingam – vanfx.de

Netzwerker: Was wünschen sich die Zuschauer, was ist möglich und was nicht? Der konstruktive inhaltliche Austausch und die Vernetzung mit anderen YouTubern und Influencern haben das Format groß gemacht. Es entstand ein eigenes Ökosystem aus Reactions, Watchparties und Diskussionen. Foto: MalaraVan Thanabalasingam | www.vanfx.de

und Sägen. Somit ist das Problem quasi weg und man kann sich um andere Dinge kümmern. In die Koffersuche sind also tatsächlich sehr viele Gedanken gesteckt worden. Ob es immer funktioniert hat wie geplant oder nicht.

In manchen Dingen hätte ich persönlich definitiv zu 100 % dieselben Ansätze gehabt wie Joe. Und in anderen Situationen komplett andere. Aber da bin ich ganz schnell selbst beim »Hätte, hätte, hätte…«.

Ich war nicht draußen in der Situation, und wenn die Leute immer nur davon reden, was sie könnten, vergessen sie, dass in der Realität, wenn man dann draußen ist, die Kälte in einen hineinkriecht, der Wind an einem zerrt und die Energie schwindet, es völlig anders aussieht.

Joe hat jetzt aus den eigenen Erfahrungen als Teilnehmer und unseren gemeinsamen Erlebnissen ein Buch gemacht. Dass es nun also den *7vs.Wild-Survival-Guide* gibt, finde ich wirklich cool.

Joe hat in diesem Outdoor-Survival-Bereich so viel Erfahrung und Wissen angesammelt, dass ich absolutes Vertrauen in das Buch habe. Joe vermittelt manchmal einfaches Wissen, manchmal aber auch ziemlich komplexe Techniken so verständlich, dass man damit einfach eine tolle Zeit draußen in der Natur verbringen kann.

Und wenn das Buch es schafft, dass du nach dem Lesen rausgehst und »einfach mal machst«, fände ich das wirklich cool!

»Überleben. Mit der Natur – nicht gegen sie.«

Mein erster Kontakt mit dem Thema »Survival« kam zu einer Zeit, in der die meisten Menschen in Deutschland mit diesem Begriff wenig anfangen konnten. In den frühen 90er-Jahren begann meine intensive Auseinandersetzung damit jedoch nicht – wie bei vielen anderen – durch ein Buch von Rüdiger Nehberg, sondern durch eine Entdeckung im Fluss vor unserem Wohnhaus in Baden-Württemberg: Dort gab es jede Menge Forellen. *Ein Vorwort von Joe Vogel*

Es war eine Zeit, in der Kinder im Vorschulalter noch relativ frei durch die brachliegenden Flächen der Umgebung streifen durften – vorausgesetzt, sie waren zum Einschalten der Straßenlaternen wieder zu Hause. Dass meine Geschwister und ich auf der gegenüberliegenden Seite des Flusses bereits Hütten aus Schwarzdorn gebaut hatten, die wir »Höhlen« nannten, verstand sich von selbst.

Mit dem Beginn meiner »Schwarzanglerkarriere«, die einige Zeit später durch den offiziellen Erwerb eines Angelscheins ein Ende fand, begannen auch meine ersten ernsthaften Versuche, die man rückblickend als »Survival« bezeichnen kann. Mithilfe von Haselstecken, Gardinenschnur und umgebogenen Nägeln startete ich meine ersten, zunächst wenig erfolgreichen Versuche, Fische zu fangen. Mit den ersten gefangenen Tieren erweiterte sich mein Wissen um das Ausnehmen und Zubereiten – die Nahrungsbeschaffung nahm Gestalt an.

Survival als Lebensaufgabe:
Ich bin 1984 am Bodensee geboren worden und habe früh meine Liebe zum einfachen Leben in der Natur entdeckt. Von meiner Kindheit über meine Schul- und Studienzeit bis heute gilt dem Überlebenstraining und dem Anwenden archaischer Techniken mein Hauptinteresse. Über 25 Jahre ist die Weitergabe dieses Wissens als Survival-Trainer, Autor und Journalist meine Berufung und Beruf.

ich draußen ohne Unterstützung technischer Hilfsmittel mit Trinkwasser, Nahrung und Schutz versorgen zu können, t nicht nur in unseren Genen angelegt, sondern wichtiger Teil unseres gemeinsamen Kulturerbes.

/ie ein roter Faden zog sich das Angeln als Vehikel« fürs Survival durch mein frühes eben. Gemeinsam mit einem guten Freund nd dem Bestehen des Fischereischeins n Alter von 11 Jahren zog ich mit dem Fahrad viele Kilometer weit zu den Kanälen der mgebung – und wir angelten. Manchmal ergaßen wir den Köder und mussten drauen improvisieren, manchmal suchten wir chutz vor schweren Sommergewittern mit iner Baumarktplane oder erwärmten mitags eine Konservendose auf einem kleinen agerfeuer.

/as funktionierte und was nicht – das zeigte ich immer sehr schnell. Diese unmittelbare ontrolle über Erfolg oder Misserfolg findet ıan in kaum einem anderen Bereich: Entreder das Feuer brennt – oder eben nicht. ür mich waren das Erleben von Fehlern, das cheitern und anschließende Verbessern der wichtigste Lernfaktor. Nur wenn ich alle denkbaren Fehler selbst gemacht hatte, konnte ich eine Technik wirklich verstehen – und sie später auch erklären.

In dieser Zeit wurde die damals schon 20 Jahre alte TV-Serie des australischen Tierfilmers Malcolm Douglas im deutschen Fernsehen ausgestrahlt. Douglas verstand es wie kaum ein anderer, die Verbindung zwischen Reisen, Angeln und Survival zu leben. Mit Techniken der australischen Ureinwohner war er in der Lage, in scheinbar lebensfeindlichen Regionen zu leben – so, wie es Menschen dort seit Jahrtausenden getan hatten.

Ich war fasziniert. Die Survival-Techniken bekamen plötzlich eine tiefere Bedeutung: Survival als Lebensart und praktisches Werkzeug, um Abenteuer an abgelegenen Orten dieser Welt erleben zu können. Diese

Alleine im Australischen Hinterland. Kennt man sich aus, findet man alles, was man zum dauerhaften Leben braucht. Allerdings können Fehler auch sehr schnell lebensgefährlich werden. Survivaltechniken, Wissen und Erfahrung helfen, solche zu erkennen.

Herangehensweise war völlig anders als der zur gleichen Zeit in Deutschland populär werdende »Nehberg-Stil«, der mit Feuerspucken und Bandwurm-Witzen arbeitete. Ebenso unterschied sie sich deutlich vom amerikanischen Military-Survival, das einen ganz anderen Ton vorgab.

Kurz vor dem Abitur reiste ich schließlich nach Australien, zum Tierfilmer selbst. Ich arbeitete mit den berüchtigten Salzwasserkrokodilen und lebte mit Aboriginals – im Rahmen von einseitig verlängerten Sommerferien. **Ich war begeistert von den Möglichkeiten im Outback, dem tradierten Wissen und der Kombination alter und neuer Techniken:** das Erlegen eines Warans mit Kleinkaliber und die Zubereitung »Aboriginal-style«, mit Haut und Haaren im Feuer, oder die Speerjagd auf Fische vom Aluminiumboot aus.

Dieses tiefe Wissen um die Nutzung natürlicher Ressourcen, wie es über Generationen weitergegeben wurde, existierte in Mitteleuropa schlicht nicht. Dafür aber gab es die unterhaltsamen Bücher von Rüdiger Nehberg – mit dem ich zu dieser Zeit bereits intensiv im schriftlichen Austausch stand.

Noch im Abiturjahr begann ich mit der Recherche für mein erstes Buch, das das australische Konzept von »Bush Tucker« , also dem traditionellen Bushfood aus allerhand Kleintieren, auf Mitteleuropa übertrug: Welche Tiere lassen sich fangen? Welche sind essbar – und welche nur mit besonderer Vorsicht? Ich veröffentlichte das *Handbuch der tierischen Notnahrung*. Es folgten 2007 ein YouTube-Kanal, zahlreiche weitere Bücher, Reisen und Expeditionen, eine Ausbildung als Rettungsschwimmer und beim THW, Jagdschein, jahrelanges Weidwerk im eigenen

Jagdrevier, ein zum Lebensthema »Survival« passendes Biologiestudium, zahlreiche TV-Auftritte, eine eigene Serie im Privatfernsehen und 20 Jahre Tätigkeit als Survival-Ausbilder.

Erst nach der coronabedingten Aufgabe meiner Kursschulen und meinem Auswandern nach Griechenland stieß ich auf ein neues Format, das mein Interesse weckte: eine Survival-Sendung, die zunächst irritierte – dann aber faszinierte. Tatsächlich nahm ich 7vs.Wild aufgrund meines Umzugs erst mit der zweiten Staffel wahr. Hier versuchten sich größtenteils Survival-Laien auf einer tropischen Insel im Überleben. Dass dabei so hochkomplexe Techniken wie das Feuersägen scheitern mussten, war klar – doch mir fehlte die »Auflösung«, die Erklärung und fachliche Einordnung.

Im Dezember 2022 veröffentlichte ich – mit dem bewusst provokanten Titel »7vs.Wild – Alles falsch?!« – den ersten Teil einer polemischen, 8-teiligen YouTube-Serie, in der ich einzelne Aspekte fachlich aufbereitete.

Diese Miniserie stieß auf große Resonanz und wurde ebenso kontrovers aufgenommen wie die Teilnahme mancher Kandidaten selbst.

Fast humorvoll brachte sie mir den Titel eines »langjährigen Kritikers« der Serie ein – obwohl es sich ausschließlich um fachliche Kritik an einem von mir grundsätzlich gelobten Format handelte, die zudem nach wenigen Monaten abgeschlossen war.

Allerdings hatte damit – ohne dass ich es wusste – das Projekt »7vs.Wild« für mich gerade erst begonnen. Denn neben den zahlreichen technischen Fragestellungen konnte das Format nämlich eines, das vorher nur wenige deutschsprachige Formate geschafft hatten: Wegen der sehr unmittelbaren Produktion mit Actioncams konnte das Innenleben der Protagonisten beobachtet werden. Und zwar nicht wie in anderen Formaten in Form einer sachlichen Erklärung eines Profis, der sein Handeln erläutert. Vielmehr das emotionale Erleben einer Nova, einer Sabrina, eines Knossi oder Hugo, die einerseits versuchten, den Erwartungen an sich selbst und durch die Community zu entsprechen, andererseits mit der harten 1 bis 2 Wochen dauernden Realität konfrontiert wurden. Dabei war für mich weniger der voyeuristische Faktor interessant als vielmehr das Verstehen, wie schwierig es sein kann, sich ohne Erfahrung draußen zurechtzufinden. Für mich eine Fundgrube: Zahlreiche Fragen galt es zu beantworten, die bei den Teilnehmenden und Zuschauern aufgekommen waren: Warum hat das nicht geklappt? Warum hat diejenige Person genau so gehandelt und warum hat sie sich nicht für etwas anderes entschieden?

3 Jahre später, nach einer eigenen Teilnahme an 7vs.Wild, kann ich nun mit zahlreichen neuen Innenansichten fortsetzen, was ich mit »Alles falsch?!« begonnen hatte: die gezeigten spannenden Techniken sachlich einordnen, erklären – und dem Format, den Machern und vor allem den Fans von 7vs.Wild mit diesem Buch eine kleine Hommage widmen.

Kurz vor meinem Schulabschluss: Krokodilfang mit Malcom Douglas in Australien.

DIE IDEE

Ein paar Freunde – und ein spannendes Projekt. 7vs.Wild hatte als Experiment mit 7 Teilnehmenden und einer Hand voll Personen im Hintergrund begonnen. Zum Start war überhaupt nicht klar, ob im geplanten Drehzeitraum überhaupt genügend Teilnehmende zusammenkämen.Kaum war die erste Staffel ausgestrahlt, gab es eine unüberschaubare Anzahl von Bewerbern. Über alle Staffeln waren es 29 verschiedene Teilnehmende, von denen nach Regeln 18 bis zur Abholung durchgehalten haben. Insgesamt gab es bisher 6 Teilnehmerinnen. Das Experiment hat sich gelohnt. 7vs.Wild wird mittlerweile nicht nur auf YouTube, sondern auch auf Amazon ausgestrahlt. Alleine auf YouTube wurden die Hauptfolgen über alle Staffeln über 290 Millionen Mal abgerufen.

Begonnen hat 7vs.Wild mit wenigen Leuten. Mittlerweile ist die Produktion auf 30 bis 40 Personen angewachsen.

Fritz und Maddin – zwei Urgesteine der Bushcraft- und Survival-Szene auf YouTube.

Ideenfinder: Neben Fritz Meinecke waren vor allem Johannes Hovekamp und Maximilian Kovacs Entwickler der Idee.

TEIL 1

UM WAS GEHT'S HIER EIGENTLICH?

Bevor es losgeht: So bereitest du dich auf eine (Survival-) Challenge vor.

BEVOR ES LOSGEHT!

Du wirst in den folgenden Abschnitten des Buchs viel darüber lernen, was du draußen essen kannst, wie du an Trinkwasser kommst, dich in der Nacht warm hältst und wie du den Gefahren in der Wildnis begegnest. Survival setzt sich aus Wissen und praktischen Techniken zusammen, den sogenannten Soft- und Hardskills. Beispielsweise: Welche Pflanze kannst du essen, aber auch, wie machst du das Feuer, um daraus etwas Schmackhaftes zu kochen.

Das Lernen aus einem Survival-Buch besteht aus **Lesen, Anschauen, Verstehen, Ausprobieren und Wiederholen**. Für dein Outdoor-Projekt solltest du am besten möglichst viele der Survival-Inhalte beherrschen – also viele Techniken möglichst gut geübt und so viel Wissen wie es geht angesammelt haben. Da draußen hast du weder Wikipedia noch TikTok-Tutorials.

Du musst dich also für eine persönliche Challenge gut vorbereiten, sonst wird das ganz schnell wieder vorbei sein. Dazu benötigst du allerdings den passenden Rahmen, in dem das Training der Soft- und Hardskills erst richtig wirken kann. Und dieser Rahmen besteht aus der **mentalen und körperlichen Vorbereitung** auf dein Projekt. Das ist etwas, das neben dem Ausrüstungskauf und dem eigentlichen Survival-Training oft vernachlässigt wird. Du kannst nämlich der beste Feuermacher der Welt sein – wenn du mit mangelnder Motivation oder der falschen körperlichen Verfassung ausgesetzt wirst, bringen dir alle deine antrainierten Techniken auch nichts.

120 Kilometer lang Schmerzen, Sonnenbrand, Höhenkrankheit, Durst und Hunger. Wenn du glaubst, deine Grenzen erreicht zu haben, bist du immer noch lange nicht am Ende.

Nach 500 Kilometern Marsch im australischen Outback mit nur einem Kilogramm Reis Proviant. Um die 21 Tage durchzuhalten, reicht Survival-Wissen alleine nicht aus. Da muss auch die körperliche und mentale Vorbereitung stimmen.

Bei allem, was du machst, entscheidet das richtige Mindset darüber, ob du erfolgreich sein wirst oder nicht. Das ist vor allem dann der Fall, wenn dich die Herausforderung an deine körperlichen oder mentalen Grenzen bringt, dir Angst macht oder dich in völlig ungewohnte Situationen wirft.

Bei den vergangenen Staffeln haben viele Teilnehmende diese ganz persönliche Grenze kennengelernt. Die meisten haben sie überwunden und sind sogar deutlich darüber hinausgegangen. Dennoch haben es nicht alle geschafft.

Abbruchgründe können eine Krankheit oder eine kleine Platzwunde am Kopf sein, starkes Frieren oder aber auch Langeweile, Einsamkeit oder Überforderung mit der Gruppensituation. Also körperliche – aber auch emotionale Belastung. Stille und Abgeschiedenheit können ebenso schwerwiegende Belastungen sein wie ein Splitter im Fuß oder ein Schnitt in der Hand. Dabei gilt: Auch wenn du große Ziele hattest, ist ein Ausscheiden oder Abbruch kein Grund zur Scham, solange du mit der richtigen Einstellung und Vorbereitung darangegangen bist. Egal, ob es der erste Overnighter oder die Teilnahme an einer Outdoor-Challenge wie 7vs.Wild ist.

Gib dein Bestes, gehe an deine Grenzen, durchbreche sie und gehe darüber hinaus – akzeptiere aber, wenn nichts mehr geht. Aufstehen, »Krönchen richten«, dazulernen, nochmal versuchen. Das beste Mindset kann nämlich einen unerwarteten Sturm, einen gebrochenen Fuß oder eine schwere Unterkühlung nicht ausgleichen.

Bei 7vs.Wild ist den Teilnehmenden klar: Nach der Aussetzung beginnt – um es mit Fritz' Worten zu sagen – das Leben nach dem Ende der Komfortzone. Und das ist für jeden etwas anderes. Vielleicht brechen dich die Stille oder die Einsamkeit, vielleicht kommst du mit dem wenigen Essen nicht klar, dir fehlt dein Bier oder deine Zigaretten, du fürchtest dich vor den wilden Tieren oder bist körperlich nicht in der Lage, die Herausforderung zu meistern.

Um die Wahrscheinlichkeit zu erhöhen, deine Aufgabe zu bestehen, gilt es, neben dem eigentlichen Survival-Training deine mentale und körperliche Fitness zu verbessern.

DEINE VORBEREITUNG

Würdest du völlig untrainiert bei einem Marathon starten? Bestimmt nicht. Und wenn, wäre die Wahrscheinlichkeit groß, dass du ihn nicht erfolgreich beenden wirst. Bei Extremreisen und beim Survival ist das ganz ähnlich. Vom warmen und satten Hausarbeits-, Studenten-, Büro- oder Influencer-Alltag ohne körperliche Vorbereitung mit der Wildnis konfrontiert zu werden, ist oft zu viel.

Natürlich lernst du in diesem Buch auch, wie du dich draußen mit allem Lebenswichtigen versorgst. Aber es wird immer wieder Phasen des Hungers, schlechten Wetters und unerwartet hoher körperlicher und psychischer Belastung geben. Darauf solltest du eingestellt sein. **Deshalb ist die Vorbereitung so wichtig.**

Idealerweise trainierst du bis unmittelbar vor dem Start deiner Survival-Challenge so, dass sich kein plötzlicher starker Wechsel deiner Lebensgewohnheiten ergibt. Du isst beispielsweise nur, was du findest, bewegst dich im entsprechenden Klima, trägst dieselbe Kleidung und schläfst draußen. Profibergsteiger machen das genauso auf Expeditionen vor dem Gipfelsturm. Tägliches Training vom Basecamp aus – teilweise über Monate –, bevor es wirklich losgeht.

Das ist natürlich nicht so einfach machbar, sofern Survival-Training nicht dein Hauptberuf ist. Trotzdem solltest du dich mithilfe von Selbstexperimenten, Entwöhnung und sportlichem Training auf die körperlichen und mentalen Herausforderungen vorbereiten. Sonst kann es böse Überraschungen geben. Einige wichtige Dinge lassen sich einfach umsetzen:

1. Bist du **Kaffee- oder Teetrinker**, schleiche deinen Koffeinkonsum über einen Monat aus. Strecke das Kaffeepulver mit entkoffeiniertem, bis du nur noch koffeinfrei trinkst. Idealerweise bist du komplett davon entwöhnt, wenn es losgeht.
2. Nicht nur wegen deiner Survival-Herausforderung ist es sinnvoll, wenn deine Leistung nicht von **Zigaretten, Bier oder anderen Stoffen** abhängig ist. Sonst musst du draußen direkt mit heftigen Entzugserscheinungen kämpfen, bist gereizt, unkonzentriert und unmotiviert.
3. Schränke, wenn möglich, deinen Konsum von **Social Media und Internet** ein. Gönne deinem Geist vor dem Projekt jeden Tag einen Abend ohne Handy und Computer. Sonst droht buchstäblich kalter Entzug.
4. Welches Essen brauchst du jeden Tag wirklich? Versuche, die Menge an schnellen Kohlenhydraten wie Zucker deutlich einzuschränken. **Energydrinks und Süßigkeiten** sind einige Wochen vor Aussetzung tabu. Dein Stoffwechsel »lernt um« und du hast Energie, auch wenn es mal weniger zu essen gibt.

←
Du wirst draußen alle die kleinen Dinge nicht haben, an die du dich vielleicht gewöhnt hast. Besser, du weißt ganz genau, wie sich der Verzicht anfühlt.

ALLES KANN, NICHTS MUSS!

Bei all dem Training und der Vorbereitung, die du in diesem Buch finden wirst, solltest du nicht vergessen, worum es beim Survival, Bushcraft, aber auch bei 7vs.Wild geht. Und zwar darum, Spaß zu haben, die Natur zu erleben und die Begeisterung für dieses verbindende Thema mit anderen teilen zu können. Ob persönlich oder über Film.

Egal, ob du solo im Stadtwald, mit einem Freund in den Bergen des Himalayas unterwegs bist oder dich mit einer großen Gruppe durch den südamerikanischen Dschungel schlägst. Vielleicht vollautark ohne jeden Proviant oder mit organisierter Verpflegung.

PROFI-TIPP

Welches Niveau du erreichen willst, ist ganz allein deine Sache! Es gibt kein Richtig – und kein Falsch.

Survival kann allerdings auch einen Challengecharakter haben – und als langjähriger Survival-Trainer will ich dir mit diesem Buch nicht nur viel Spaß und Inspiration geben, sondern dich auch so gut wie möglich auf das Überleben im Busch vorbereiten. 7vs.Wild ist hierfür ein wunderbarer Rahmen, weil wir hier über die verschiedenen Staffeln alle nur erdenklichen Leistungs-, Vorbereitungs- und Motivationsstufen sehr nah begleiten können. Für manche hat sich das vorherige Training ausgezahlt, andere haben ihre mentalen und körperlichen Grenzen kennengelernt.

Ich habe mit vielen ehemaligen Teilnehmenden der Serie gesprochen und sie nach ihren Erfahrungen befragt. Die Themen, die viele besonders interessiert haben, konnte ich im Rahmen der Recherche und Interviews exklusiv für dich aufarbeiten. Solche **Know-how Deep Dives** sind für diejenigen gedacht, die sich intensiv auf ein Survival-Experiment vorbereiten möchten oder wissen wollen, wie es Profis aus den unterschiedlichen Disziplinen machen, die sich intensiv – teilweise hauptberuflich – mit solchen Challenges beschäftigen und in ihren Fachbereichen deutlich mehr Erfahrung haben als ich. Zusammen mit meiner Survival-Expertise konnte ein umfangreiches Vorbereitungs- und Trainingsbuch zusammengestellt werden.

Ganz wichtig: Diese Deep Dives sind kein »Muss« – sondern sollen dir die Erfahrungen weitergeben, die ich, zahlreiche Teilnehmer und die Serie begleitende Personen gemacht haben. Sie sind also als Bonus zu verstehen, nicht als Pflichtprogramm.

EINZIGARTIG!

Jeder Körper ist anders – es gibt kein Idealgewicht und auch keine Idealfigur. Manche sind mit ein bisschen mehr Speck leistungsfähiger als andere, die nur aus Muskeln und Sehnen bestehen. Du solltest aber für Extremprojekte wissen, wie du auf Hunger reagierst und zu welcher körperlichen Leistung du fähig bist. Mach zum Beispiel eine Zeit lang Intervallfasten oder versuch, eine Woche nur wenig zu essen. Sprich vorher am besten mit deinem Arzt darüber.

DAS RICHTIGE MINDSET

Ein Tag nach dem anderen: Wenn es darum geht, das richtige Mindset zu haben, ist er der absolute Profi: Joey Kelly, Extremsportler, Motivationstrainer, zweifacher Teilnehmer und Gewinner von 7vs.Wild *Staffel 4*. Wie behält man in schwierigen Zeiten die richtige Einstellung, auch wenn man denkt, es geht nichts mehr? *Ein Beitrag von Joey Kelly*

Es gibt meiner Meinung nach wirklich einen richtigen und einen falschen Ansatz, um eine herausfordernde Challenge anzugehen. Das richtige Mindset beginnt nämlich schon lange vor dem eigentlichen Projekt: beim Training und der Vorbereitung – denn auch hier muss die richtige Motivation vorhanden sein. Und nur wenn die Vorbereitung stimmt, behält man sich auch vor Ort das richtige Mindset und – ganz wichtig – eine positive Einstellung zur Herausforderung.

»Das richtige Mindset beginnt vor dem eigentlichen Projekt.«

Speziell auf 7vs.Wild bezogen hat mich allein schon die Tatsache sehr motiviert, dass es eine einmalige, großartige Chance ist, sich und seine Leistung vor einem Millionenpublikum zu beweisen.

Allen zu zeigen, dass man stark ist und durchhält, auch wenn man an seine Grenzen gekommen ist. Und an deine Grenzen wirst du bei solchen Projekten auf jeden Fall kommen. Sowohl körperlich als auch mental. Dafür sorgen schon Kälte, Hunger, Durst und Stress.

In solchen Momenten muss man in der Lage sein, sich immer und immer wieder auf das Wesentliche und vor allem auf das Positive zu konzentrieren. Sich nicht zu sehr von den Unannehmlichkeiten ablenken zu lassen. Das ist natürlich einfacher für einen Joe, Otto oder Fritz, die die entsprechenden Erfahrungen mitbringen und wissen, wie es sich anfühlt, in so einer Situation zu sein. Für Quer-

»Aufgeben ist keine Option!«

Durchhalten:
Bis zum kommerziellen Durchbruch lebte die Kelly Family in einem Bus und arbeitete als Straßenmusiker. In dieser Zeit lernte Joey, dass nur Disziplin, Resilienz und harte Arbeit zum Erfolg führen.

einsteiger wie Jan, Julia, Sandra oder Hugo ist das sehr viel härter, weil für die einfach alles neu ist. Worauf konzentriert man sich da?

Das heißt aber nicht, dass man es wegen der fehlenden Erfahrung nicht schaffen kann. Julia und Knossi sind das beste Beispiel dafür. Es ist tatsächlich vielmehr davon abhängig, wie man der Sache begegnet. Und zwar von Beginn an. Wer die Challenge nicht mit dem notwendigen Ernst angeht, bereitet sich nämlich meist auch nicht richtig vor.

Ich bin der Meinung, dass der Erfolg einer Herausforderung zu 50 % von der Vorbereitung abhängig ist – der Rest von der Situation vor Ort.

Ohne richtige Vorbereitung fehlt dir auch die notwendige positive Einstellung und das Durchsetzungsvermögen, der Herausforderung auf Augenhöhe zu begegnen. Beides beeinflusst sich also gegenseitig. Du brauchst den unbedingten Willen, es zu schaffen. Nur mal versuchen ist nicht ausreichend. Sag dir ganz klar: »Aufgeben ist keine Option!« Und unter diesem positiven Motto gehst du ins Training und in die eigentliche Challenge – und bleibst im Rennen.

Wenn du also mit der richtigen Einstellung an die Sache herangehst, ist das ein guter Start. Dennoch wirst du vielleicht nach einiger Zeit merken, dass dich die Situation überfordert oder du dein Mindset nicht aufrechterhalten kannst. 2 Wochen sind eine lange Zeit.

Bei längeren Projekten wie 7vs.Wild hilft es, wenn du dir beispielsweise die 14 Tage im Kopf aufteilst und versuchst, einen Tag nach dem anderen durchzustehen. Plane, täglich etwas zu verbessern. Besseres Feuer, besse-

Weitermachen, wenn es richtig weh tut. Konzentriere dich auf den nächsten Tag und hab zum Ziel, ihn mit voller Motivation zu meistern! Foto: ©Joey Kelly/Thomas Stachelhaus

res Lager, mehr Nahrung. So bleibst du produktiv und motiviert und freust du dich auf den nächsten Morgen. Dabei sind meiner Erfahrung nach nicht die ersten 3 oder die 3 letzten Tage die härtesten, sondern die langen Tage dazwischen – wenn Dauer und Schwierigkeit des Unterfangens erst richtig klar werden.

Bist du in einer Gruppe unterwegs, ist es außerdem wichtig, möglichst früh mit den anderen zu sprechen, um die eigene Schwäche zu teilen. Das kann die Gruppe und dich wieder motivieren, wenn man merkt, man ist mit seinem Leid nicht alleine. Das geht natürlich nicht, wenn du solo bist. Da kannst du dir keine Hilfe, keinen Zuspruch holen – also müssen in diesem Fall Mindset und Motivation schon vorher absolut stimmen. Du weißt nämlich nie, was genau auf dich zukommen wird.

»In einer Gruppe bist du mit deinem Leid nicht alleine.«

Ich habe mich einmal 10 Tage lang für *stern TV* auf einer einsamen Insel aussetzen lassen. Mit wenig Ausrüstung, ohne Essen und Trinken.

Ein Jahr später ging ich noch einen Schritt weiter und habe mich im thailändischen Dschungel aussetzen lassen. Da wusste ich nicht, wie lange ich brauchen würde, um mein Ziel zu erreichen – und wie es mir körperlich und mental ergehen würde. Um mich hierauf vorzubereiten, habe ich 3 Wochen lang gefastet und nur Getränke zu mir genommen. Gleichzeitig habe ich körperlich trainiert, um zu sehen: Wie reagiere ich auf diese Anforderung? Sowas musst du einfach ausgetestet ha-

Starten, durchalten, ins Ziel kommen. Jede richtige Herausforderung bringt dich an deine Grenzen. Mit dem richtigen Mindset überwindest du sie. Foto: ©Joey Kelly/Thomas Stachelhaus

»Was ich mir vorgenommen habe, halte ich auch durch.«

Joey Kelly

ben, wenn du alleine draußen überleben willst. Und das ist zentral, um dir vor Ort in Extremsituationen vor allem zwei Dinge zu erhalten: Ruhe und deine gute Stimmung. So schaffst du es, die Kontrolle zu behalten – egal, was kommt. Gelingt dir das nicht, wirst du unkonzentriert und machst Fehler. Und Fehler in der Wildnis können tödlich sein. Deshalb:

Die Oberhand behalten, alles langsam und mit Bedacht angehen – durchhalten, auch wenn der innere Schweinehund etwas anderes sagt.

Den wirst du nie zum Schweigen bringen können – aber du kannst ihn erstmal auf die Seite schieben und ignorieren. Am lautesten ist er übrigens gar nicht bei sportlich oder körperlich besonders herausfordernden Wettkämpfen, sondern eher, wenn die eigene Disziplin auf die Probe gestellt wird.

Ich war zum Beispiel zweimal Teilnehmer beim Badwater-Ultramarathon und habe über 217 Kilometer durch das Death Valley bewältigt. Einer der härtesten vorstellbaren Wüstenläufe. Nonstop 5 Marathons am Stück durch absolut lebensfeindliche Umgebung mit bis zu 50 °C im Schatten. Das ist körperlich unglaublich brutal. Aber mental tatsächlich nicht die größte Herausforderung.

Das meiste Durchhaltevermögen hat mir nämlich eine ganz andere Challenge abverlangt – und zwar in Deutschland. 2010 bin ich von Wilhelmshaven bis zur Zugspitze marschiert. 900 Kilometer in 18 Tagen. Da war ich körperlich top trainiert. Aber mit dem Survival hatte ich noch nicht so viel Erfahrung, obwohl ich extra 2 Tage bei Rüdiger Nehberg trainiert hatte.

Und dann startest du, marschierst jeden Tag 50, 60, 70 Kilometer, musst im Wald unter einer einfachen Plane schlafen, hast kaum was zu essen, aber überall bist du ganz in der Nähe der Zivilisation. Jeden Tag die Verlockungen zum Greifen nah. Jedes Mal Nein sagen, wenn etwas angeboten wurde, den Fokus auf das Ziel erhalten, auch wenn man in wenigen Minuten das Ding beenden könnte.

Das war mental extrem hart – und viel härter, als wenn der nächste Ort 100 Kilometer weit entfernt ist. Aber: Was ich mir vorgenommen habe, halte ich auch durch.

In schweren Momenten denke ich dann einfach an das Ergebnis und wie das Gefühl sein wird, es wirklich geschafft zu haben. Und diese positiven Emotionen motivieren mich unglaublich.

Auch wenn ich körperlich völlig erschöpft bin, wenn ich das Ziel erreicht habe: Ich bin unendlich glücklich, motiviert und gehyped – und **mental gestärkt für die nächste, noch größere Herausforderung.**

KNOW-HOW DEEP DIVE

DEINE FITNESS

Top vorbereitet: Vor einer besonderen Challenge ist körperliche Fitness natürlich ein großer Vorteil. Sie verschafft dir eine bessere Kondition und mehr Kraft, wenn du einen Berg hochkraxeln oder größere Mengen Holz sägen musst. Außerdem verbessert das Training sowohl Kreislauf als auch Koordination. *Ein Beitrag von Sascha Huber*

Für Projekte wie 7vs.Wild ist körperliches Training notwendig – wird aber oft überschätzt. Wichtiger als die körperliche Kraft ist – wie Joey Kelly es ganz richtig beschreibt – eine Kombination aus Fitness, mentaler Stärke, Erfahrung, Techniken und Wissen.

Natürlich solltest du eine Grundfitness mitbringen – wenn du nicht einmal ein paar Meter gehen kannst, ohne außer Atem zu kommen, wird es schwierig mit Survival. Aber du musst nicht jahrelang jeden Tag ins Studio gehen, um auf eine Challenge wie 7vs.Wild vorbereitet zu sein. Investiere die Zeit lieber in jenes Wissen, das du auch hier im Buch finden wirst.

»Du solltest eine Grundfitness mitbringen.«

Bei der Frage nach der Art des richtigen Trainings ist die Antwort relativ eindeutig. Ich habe mich selbst jahrelang auf Muskelaufbau konzentriert – und schnell gemerkt, wie durch die breite Masse Ausdauer und Beweglichkeit verloren gehen. Das schränkt beim Survival natürlich stark ein. Viel wichtiger ist deshalb eine **gesunde Mischung** – etwas, das heute Hybridtraining heißt.

Du versuchst, Kraft und Muskulatur aufzubauen, trainierst aber auch Ausdauer, Koordination und Beweglichkeit. Bevorzugt mit Ganzkörperübungen, gerne mit Zusatzgewicht, um im optimalen Muskelaufbau-Wiederholungsbereich von 8–10 WH zu bleiben. Dazu kommen lange Ausdauereinheiten für dein Herz-Kreislauf-System. Du willst natürlich vermeiden, dass dein Puls sofort hochgeht, wenn du wenig gegessen hast und dann mal einen Berg hochlaufen musst.

1 – AUSDAUER: LISS UND HIIT

Ein Teil des Trainings besteht aus dem **LISS** oder **Low-Intensity-Steady-Training** in der aeroben Phase bzw. »Zone 2« und einem Puls von ca. 120–130. Das heißt: ganz entspanntes, aber langes Training durch Schwimmen, Laufen oder Fahrradfahren. Die Intensität sollte so sein, dass du noch normal atmen und ganze Sätze bilden kannst.

Bei diesem Training wird hauptsächlich Fett als Energiequelle genutzt. Bei intensiverem Training wird dagegen bevorzugt der Kohlenhydratspeicher in Muskel und Leber geleert. Und ist dieser leer, geht es buchstäblich an die Substanz: Das Luxusgut Muskel wird abgebaut. Und das willst du unbedingt vermeiden. Zusätzlich bildet sich Laktat, was zur Übersäuerung der Muskeln führt und deren Leistungsfähigkeit verringert.

Pro Woche machst du idealerweise 2 LISS-Einheiten. Mindestens 30 Minuten. Achte auch darauf, dass du langsam einsteigst und nicht gleich übertreibst.

Neben diesen zwei LISS-Einheiten führst du eine **HIIT**-Ausdauer-Einheit je Woche durch. Das ist das **High-Intensity-Intervall-Training**, um auch den oberen Pulsbereich

Trainiert:
Der aus Österreich stammende Sascha gehört zu den bekanntesten deutschsprachigen Fitnessinfluenzern. Er beschäftigt sich intensiv mit der Entwicklung von Trainings- und Ernährungsplänen.

bzudecken. Du musst beim Survival nämlich icht nur Ausdauer haben, sondern auch mal printen. Dazu empfehle ich die »Norwegische« der 4x4-Methode: 4 Minuten bei höchster ntensität (90 % vom Maximalpuls) trainieren, Minuten Pause. Das ganze 4 Runden lang.

– KRAFTTRAINING

u den Ausdauereinheiten solltest du in deien Hybridtrainigs-Plan auch **2 bis 3 Krafteinheiten pro Woche** einplanen. Dabei sind unktionelle Bodyweight-Übungen wie Calithenics viel besser als isoliertes Training an Maschinen im Gym. Wenn es intensiver sein ollte, dann nutze beispielsweise eine Geichtsweste. Mit Klimmzügen, Squats als Mehrgelenks- bzw. **Compound-Übungen** elastest du deinen gesamten Körper und rainierst damit auch die Koordination. Du annst auf diese Weise ebenfalls **»train o failure«** durchführen. Also die Übung so ange wiederholen, bis du sie nicht mehr sauer und komplett durchführen kannst. Damit ist du ebenfalls im idealen Muskelaufbaubereich, wenn du bei ca. 8–12 WH ans Muskelersagen kommst.

– ERNÄHRUNG

ei all dem Training darf die dritte Säule deier Fitnessvorbereitung nicht fehlen: die ichtige Ernährung. Du musst nämlich ständig m Kalorienüberschuss bleiben. Für ideale rainingsergebnisse solltest du je Kilogramm örpergewicht täglich 2 Gramm **Eiweiß** zu dir ehmen.

Du willst beim Training kein Gewicht reduzieren. Im Gegenteil. Und darauf musst du bewusst achten, weil du durch das intensive Training schnell in ein Kaloriendefizit kommen und Gewicht verlieren wirst. Durch die trainierte Grundlagenausdauer nutzt dein Körper bevorzugt das Fett – und im Körper liefert es viel Energie. **Hast du ein wenig Reserven, ist das also durchaus ein Vorteil.**

Eine gute Hilfe, deine Ernährung passend zu deinem Training zu gestalten, sind übrigens technische Hilfen wie meine App »GYMKY«, mit der du auch kostenlos dein Training planen und deine Ernährung tracken kannst.

Wenn du diese drei Teilbereiche des Trainings berücksichtigst, bist du schnell ideal auf deine ganz persönliche Survival-Challenge vorbereitet!

Weitere Infos und Videos:

Kniebeuge (Beine, Gluteus) *8–10 Wiederholungen*

1: Stell dich schulterbreit hin. Zehenspitzen zeigen leicht nach außen. Die Arme vorm Körper verschränken ode ausstrecken. **2:** Jetzt den Po langsam nach unten senken, bis deine Oberschenkel parallel zum Boden sind. Dabe einatmen. Deinen Po kraftvoll nach oben drücken und den Oberkörper aufrichten. Ausatmen.

Rudern (Rücken) *8–10 Wiederholungen*

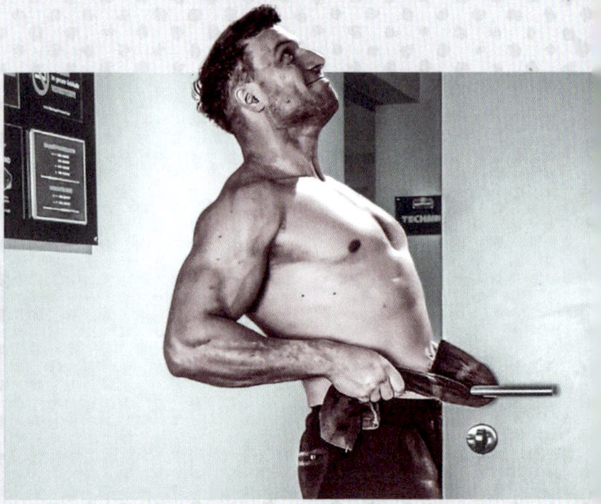

1: Halte dich mit beiden Händen an den Türklinken einer geöffneten Türe fest. Füße sind rechts und links vom Tü blatt platziert. Oberkörper nach hinten lehnen und Arme ausstrecken. **2:** Oberkörper in Richtung Tür ziehen, bi deine Brust die Türe berührt. Ellbogen bleiben eng am Körper. Atme dabei aus. Langsam die Arme wieder strecker Atme dabei ein.

Liegestütz (Brust) *8–10 Wiederholungen*

1: Bäuchlings ablegen, Zehenspitzen aufstellen. Oberarme in 45° abspreizen, Unterarme senkrecht zum Boden Körperspannung halten – von Kopf bis Ferse eine Linie. **2:** Nach oben drücken, bis die Arme fast gestreckt sind. Aus atmen. Langsam wieder absenken, bis die Nasenspitze den Boden berührt. Dabei einatmen.

i Alle 6 Übungen = 1 Runde. 1 komplettes Workout = 3 Runden.

Pike Push Ups (Schulter) *8–10 Wiederholungen*

1: In Liegestütz-Position gehen und Po nach oben strecken. Hände schulterbreit am Boden, Arme leicht gebeugt. Stirn zum Boden senken. **2:** Nach hinten drücken, bis Arme gestreckt sind. Atme dabei aus. Arme beugen, bis du wieder in der Ausgangsposition bist. Dabei einatmen.

Bank Dips (Trizeps) *8–10 Wiederholungen*

1: Mit dem Rücken zum Bett aufstellen und Hände auf der Kante abstützen. Beine nach vorne strecken, Fersen am Boden ablegen. **2:** Arme beugen und Körper absenken, bis die Oberarme parallel zum Boden sind. Dabei einatmen. Kraftvoll vom Bett wegdrücken, Arme strecken und in Ausgangsposition zurückkehren. Atme dabei aus.

Bicycle Crunches (Bauch) *8–10 Wiederholungen*

1: Auf den Rücken legen und Hände hinter dem Kopf platzieren. Beine und oberen Rücken leicht anheben, Bauch einspannen. **2:** Den rechten Ellbogen zum linken Knie führen, dabei rechtes Bein strecken. Dann linken Ellbogen zum rechten Knie führen, linkes Bein strecken. Bewegung abwechselnd und flüssig wiederholen.

TEIL 2

SURVIVAL BASICS

Das musst du wissen: Infos zu Ausrüstung, Techniken und Briefing

DAS SURVIVAL 101

Du kannst dich natürlich komplett ohne jedes Wissen aussetzen lassen, aber ob du dann wirklich eine Hütte bauen, dir etwas zu essen besorgen kannst oder Trinkwasser finden wirst, ist eine andere Frage. Zumindest wird das alles ohne richtiges Vorwissen und Training ziemlich schwierig.

Niemand erwartet, dass nur absolute Vollprofis Survival machen. Aber ein wenig vorbereiten musst du dich schon, damit du überhaupt eine Chance hast, 7 Tage, 2 Wochen oder sogar länger draußen zu überleben.

Survival besteht aus mehreren kombinierten Disziplinen: **Expeditionstechnik, Pflanzenkunde, Tierkunde, Medizin oder Handwerk.** Diese Basics sind also Grundlagen, aus denen alle weiteren Survival-Skills zusammengesetzt sind.

Das Grundlagenwissen brauchst du immer! Egal, ob du begnadeter Crafter bist und dir eine Blockhütte bauen möchtest oder dich am Angeln oder Jagen versuchst. Die Basics alleine reichen natürlich nicht aus. Du brauchst auch ein wenig Erfahrung. Dein Wissen wirst du nämlich auch immer an Wetter und die Umgebung anpassen müssen. Wie das Ganze dann in der Praxis aussieht und wie sich bisherige 7vs.Wild-Teilnehmende geschlagen haben, liest du im Kapitel 3 »Ausgesetzt«.

Wir starten hier also mit den wichtigsten Grundlagen, die du überall auf der Welt anwenden kannst. Und das nicht nur beim Survival, sondern schon bei jedem Overnighter. Es ist dein ganz eigenes Training, deine Vorbereitungssession, bevor du dich in die Wildnis schlägst.

PROFI-TIPP

Egal, ob du vorhast, wochenlange Expeditionen durch den Dschungel durchzuführen, für einen Notfall bei der nächsten Trekkingtour vorbereitet sein willst oder dich auf einzelne Übernachtungen im Nahbereich konzentrierst (Overnighter) – die Techniken, die du dazu brauchst, sind immer die gleichen.

Techniken wie das Feuerbohren sind extrem schwierig. Mit etwas Übung wirst du sie aber beherrschen lernen!

GEAR P*RN

Was wäre Outdoor ohne die richtige Ausrüstung? Beim Survival verzichtest du zwar auf möglichst viel davon, aber ganz nackt ausgesetzt zu werden, muss am Anfang auch nicht sein. Wichtiger als die Anschaffung ist aber, dass du dich mit deiner Ausrüstung auch vertraut machst. Das beste Gear hilft dir nämlich nicht weiter, wenn du damit nicht umgehen kannst.

Es gibt buchstäblich unendlich viel Ausrüstung und du kannst Unsummen dafür ausgeben. Um den Überblick nicht zu verlieren, frag dich immer: **»Was brauche ich bei jedem Training und was kann ich mit entsprechender Übung einfach selbst improvisieren?«**

Wie bei allen Einkäufen gilt auch beim Survival-Material: lieber hochwertig und dafür einmal kaufen als ein riesiger Wegwerf-Haul aus China. Dabei ist das nicht nur eine ökologische Frage, sondern auch eine der Sicherheit. Qualitativ minderwertiges Gear kann in genau jenen Momenten versagen, wo es lebenswichtig wird: Eine undichte Jacke im Schneesturm kann tödlich sein.

PROFI-TIPP

Für manche Regionen der Erde benötigst du Spezialausrüstung. Was du am besten wählst und wie du sie nutzt, findest du im Kapitel 3 »Ausgesetzt«.

KLEIDUNG

Du musst dich entsprechend der vorherrschenden Temperaturen richtig kleiden. Nicht zu kalt, aber auch nicht zu warm. Im feuchtwarmen Sommer Kanadas brauchst du andere Kleidung als auf einer tropischen Insel und im regnerischen Schweden andere als in den eiskalten Bergen Neuseelands. Universalkleidung für jedes Klima gibt es nicht. Wenn du viel zu warm eingepackt bist, ist das genauso schlecht, wie wenn du dich zu leicht kleidest und deshalb schnell frierst. Du nutzt darum Zwiebelschichten. Das bedeutet, dass du mehrere, dünne Schichten übereinander anziehst.

Unterhose, Unterhemd, ggf. lange leichte Version

Fleecepullover, gefütterte Thermounterwäsche

Dick gefütterte Jacke mit Kapuze und wärmende Hose

Atmungsaktive Jacke und Hose, die Wind und Nässe abhalten

MÜTZE UND SCHAL

Auch bei bester Kleidung sind Kopf und Hals ziemlich ungeschützt. Um Sonne, Krabbler und Kälte wegzuhalten, brauchst du eine Mütze oder Kappe.

Mit dem Moskitonetz über dem Gesicht bist du gegen Stechmücken und anderes Viechzeugs gesichert. Gegen Zugluft am Hals und im Gesicht nutzt du einen Schal, Schlauchschal oder in ganz kalten Gegenden eine Sturmmaske.

Bei klirrender Kälte hilft eine dicke Wollmütze, die bis über die Ohren geht. Sonne und Mücken werden in heißen Gegenden mit einer Schildmütze mit Nackenschild oder Überwurfnetz abgehalten. Schlauchschals und Balaklava sind ideal, um den Hals und das Gesicht gegen die kalte Luft zu schützen.

HANDSCHUHE

Bei der Wahl der Handschuhe sind zwei Dinge wichtig: Nässe- und Wärmeschutz sowie Schutz vor Dornen, Stacheltieren, scharfkantigen Steinen und so weiter. Es gibt verschiedene Ausführungen. Allgemein gesagt: Gegen Kälte sind dicke, wattierte Handschuhe gut geeignet, als Arbeitshandschuhe sind klassische Ledermodelle praktisch unschlagbar.

↑
Die gute alte Ohrenmütze der Bundeswehr. Nicht unbedingt sexy, hält aber die Ohren warm.

←
Fingerling: Weißt du, dass es sehr kalt wird, suche dir gefütterte Modelle mit Feuchtigkeitsschutz. Zum Arbeiten sind dagegen Lederhandschuhe besser geeignet. Sie verbrennen auch nicht so schnell bei der Arbeit am Feuer.

STIEFEL/SCHUHE

Du brauchst natürlich auch geeignete Stiefel oder Schuhe. Auch wenn du in warmen Gegenden prinzipiell barfuß oder mit Sandalen unterwegs sein kannst, hilft robustes und fest sitzendes Schuhwerk enorm.

1. Besorge dir anständige **Wandersocken**, die Spann, Ferse und Ballen polstern. Je nach Temperatur gibt es verschiedene Dicken.
2. Klassische **Trekkingschuhe bzw. Stiefel**, die über die Knöchel gehen, sind meist die richtige Wahl. Achte darauf, dass du sie einige Wochen lang einläufst.
3. In bestimmten Fällen, zum Beispiel in den Tropen, sind **Gummistiefel** im Vorteil. Mit ihnen kannst du durch Wasser und feuchtes Gestrüpp waten. Nicht geeignet sind sie für Kälte.
4. Mit **Gamaschen** verhinderst du, dass du nasse Füße bekommst, wenn du durch Schnee, gefrorene oder taunasse Wiesen läufst.

SCHLAFSACK

Nicht erst, wenn es draußen etwas frischer wird, ist ein ordentlicher Schlafsack wichtig. Für den reinen Survival-Bereich ist ein Schlafsack aus Kunstfaser, also mit einer Füllung aus Kunststoffwatte, die richtige Wahl. Daune hält zwar bei selbem Gewicht wärmer, ist aber empfindlicher gegen Feuchtigkeit und kleine Brandlöcher. Achte darauf, dass der Schlafsack nach EN 13537 oder ISO 23537 geprüft worden ist, und wähle ihn so, dass die Außentemperatur nicht unter der angegebenen »Komforttemperatur« liegt und zu deiner Körpergröße passt. Das Kälteempfinden ist von Person zu Person sehr unterschiedlich. Probiere einen Schlafsack deshalb bei verschiedenen Temperaturen aus. So lernst du, bis zu welcher Temperatur der Schlafsack für dich geeignet ist.

Zwei Schlafsäcke wie sie bei 7vs.Wild genutzt wurden. Der Carinthia Defence 4 (1,9 kg) ist warm genug bis zu einer Temperatur von ca. –8 °C. Bei milden Temperaturen bis ca. +10 °C ist dagegen der Carinthia Tropen (1,1 kg) die richtige Wahl.

ACHTUNG!
Der richtige Schlafsack ist deine Lebensversicherung. Probiere ihn vor der eigentlichen Tour aus – sonst kann es zu unangenehmen Überraschungen kommen.

KOCHGESCHIRR

Beim Survival kommst du nicht darum herum, ein Feuer zu machen. Zumindest wirst du es versuchen. Mit dem Feuer kannst du heizen und kochen. Für das Training solltest du dir eine Bushbox zulegen, die dir hilft, die Flammen zu kontrollieren. Bei einer Feuerstelle im Freien ist das erheblich sicherer als ohne die Stahlwände. Deshalb haben die Teams bei *Staffel 3* die Bushbox zum Kochen genutzt. Außerdem reicht ein einfacher Aluminium- oder Stahltopf mit Deckel zum Abkochen von Wasser und Nahrung aus.

TARP

Plane, Plastikfolie, Zeltbahn, Tarp. Wie du es nennst, ist eigentlich egal. Wichtig ist, dass du eines hast. Falls du kein Zelt hast, ist es eine absolute Lebensversicherung. Denn wenn das Wetter überhaupt nicht mitspielen will und du deine Notunterkunft richtig abdichten musst, ist die wasserdichte Plane Gold wert. Es gibt einfache rechteckige sowie mehrzackige Tarps. Wichtig ist, dass das Tarp stabil eingenähte Schlaufen hat und groß genug für dich ist.

PROFI-TIPP

Im Gebirge, an der Küste und Gegenden mit Sturmgefahr und bei sehr schlechtem Wetter solltest du beim Training immer Zugriff auf ein geschlossenes Zelt haben, da ein Tarp nicht immer ausreicht.

Survival- und Bushcraft-Küche. Mit der Bushbox und einem leichten Topf kannst du Wasser abkochen und Nahrung zubereiten.

Als Tarp für den Survival-Einsatz eignet sich ein robuster und ausreichend großer Poncho. Er kann ebenfalls als Regenschutz beim Marsch genutzt werden.

WASSERFILTER

Wenn du zwar einen Bach, aber kein klares, fast sauberes Süßwasser zur Verfügung hast, musst du es trinkbar machen. Ein einfacher Trekkingwasserfilter ist deshalb sehr hilfreich. Das kann ein kleiner Pumpfilter sein oder ein einfacher Hohlfaserfilter. Mit beiden kann Wasser sicher aufbereitet werden. Dazu wird das Wasser entweder in die Softbottle eingefüllt und durch den Filter gepresst oder mithilfe einer Pumpe und eines Schlauchs durch eine Filterkerze geleitet.

Leichte Wasserfilter für den Trekkingbereich sind zum Survival ideal. Von Joey weiß ich, dass er in Kanada den Katadyn BeFree dabei hatte.

PROFI-TIPP

Es gibt sehr kleine Wasserfilter. Für regelmäßige Benutzung sind sie nicht geeignet – wohl aber als leichter Notfallfilter für dein Survival-Kit.

LAMPE

Nicht nur, wenn du nachts noch mal hinter den Busch musst, sondern auch zur Orientierung und Nahrungssuche ist eine gute Lampe wichtig. Eine Kopflampe eignet sich hier besser als eine Stablampe und hält dir die Hände frei. Wenn du sie oft einsetzt, greif zu einer wiederaufladbaren. Außerdem ist ein dimmbares Rotlicht von großem Vorteil. Es hilft dir, bei Nacht mit sehr wenig Stromverbrauch zu arbeiten, ohne dass es dich blendet.

Die Teilnehmenden von 7vs.Wild haben immer eine wiederaufladbare Kopflampe mit Rotlicht zur Verfügung gehabt.

PACK- UND RUCKSACK

Zwar hast du beim Survival nicht übermäßig viel Ausrüstung dabei, aber die musst du ja irgendwie transportieren. Dazu ist ein einfacher Rucksack mit etwa 40 bis 50 Litern Volumen ausreichend. Weil du damit vielleicht durchs Wasser oder durch extremen Regen musst, kommt in den Rucksack ein wasserdichter Packsack. So kannst du deine Ausrüstung und Kleidung immer trocken halten.

Die wenige Ausrüstung, die du beim Training benutzt, passt in einen Daypack. Ein zusätzlicher Wickelverschlusssack macht ihn wasserdicht.

PACK DEINEN RUCKSACK!

Lastenesel: In der 4. Staffel ist 7vs.Wild mobiler geworden. Eine Menge Ausrüstung musste in den Bergen gefunden und ins Lager transportiert werden, auch der Evakuierungsmarsch war eine kleine Materialschlacht.

Dabei waren in den Rucksäcken der Teilnehmenden alle Dinge verstaut, die zum Überleben benötigt wurden. Ein guter Rucksack hilft dir, Wasser, Nahrung und deine Survival-Ausrüstung mit in die Wildnis zu nehmen. Gut geeignet sind klassische Trekkingrucksäcke. Vor allem beim Packen gibt es Fallstricke. **Achte darauf, dass er maximal 20 % deines Körpergewichts schwer ist.**

1. **Ins Deckelfach** kommen Feuerzeug, Ausweis, Taschenlampe, Medikamente. Nicht zu viel, sonst wackelt es.
2. **Unter dem Deckelfach** nur leichte Ausrüstung, die du ständig brauchst. Deine Regenjacke, Wechselkleidung.
3. Schwere Ausrüstung so flach und lang wie möglich **direkt am Rücken** anordnen. Bushbox, Proviant, Akkus.
4. **Auf Brusthöhe hinten** können mittelschwere Dinge eingepackt werden: Zelt, Hängematte oder Wasserfilter.
5. **Im Bodenfach** ist nur leichtes Gepäck. Wechselkleidung oder dein Schlafsack passen hier rein. Wichtig: Packe alles nochmal in einen Wickelverschlusssack.
6. **Außen nur das Allerwichtigste:** Beispielsweise IFAK ((Individual First Aid Kit) oder Wasserflasche, zu denen du jederzeit Zugriff haben musst.
7. **Auf dem Hüftgurt** liegt das Hauptgewicht auf. Die Schulterriemen verhindern nur, dass der Rucksack vom Rücken kippt.
8. **In Seitentaschen am Hüftgurt** sind Kompass, Bärenspray, Klappmesser, In-Reach.
9. Dein Rucksack sollte ein **integriertes Regencape** haben. Oft ist es am Boden- oder im Deckelfach.

MESSER

Natürlich ist ein Messer beim Survival dein Werkzeug Numero 1. Um vielseitig einsetzbar zu sein, muss es aber nicht besonders teuer sein oder eine besondere Klinge haben. Such dir ein einfaches, aber sehr scharfes Messer, das nicht zu groß ist. Damit schaffst du am meisten. Wenn der Klingenrücken rund ist, schleif ihn rechtwinklig an, dann kannst du damit den Funkenstahl anschlagen und Wurzeln abkratzen. Große Messermodelle sehen zwar toll aus – sind aber sehr schwer zu handhaben. Wichtiger ist, dass du das Messer gut greifen kannst, ohne Blasen zu bekommen.

FUNKENSTAHL

Ein guter Funkenstahl gehört in jede Survival-Ausrüstung. Mit ihm kannst du auch nach einem Sturz ins eiskalte Wasser Feuer machen. Wähle aber besser nicht die günstigsten Modelle, die kaum Funken erzeugen. Die Flinte verbrauchen sich mit der Zeit – vor allem, weil du regelmäßig damit üben musst.

PARACORD

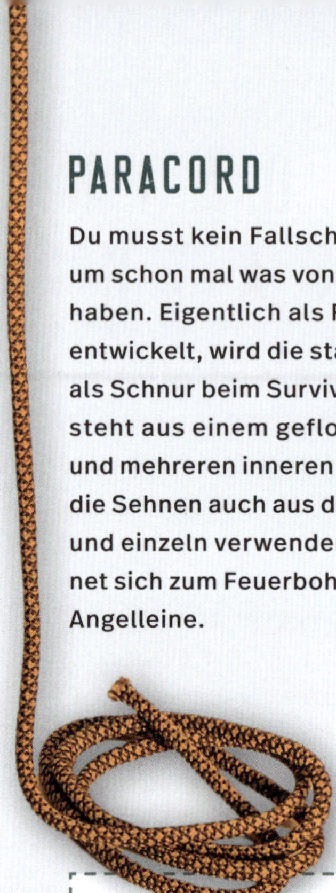

Du musst kein Fallschirmspringer sein, um schon mal was von Paracord gehört zu haben. Eigentlich als Fallschirmsehne entwickelt, wird die stabile Leine generell als Schnur beim Survival genutzt. Sie besteht aus einem geflochtenen Mantel und mehreren inneren Sehnen. Du kannst die Sehnen auch aus dem Mantel ziehen und einzeln verwenden. Der Mantel eignet sich zum Feuerbohren, die Sehne als Angelleine.

PROFI-TIPP

Allzweckleine: Die Paracord kannst Du für viele unterschiedliche Techniken nutzen. Sie gehört in jede Survivalausrüstung!

Es gibt zahlreiche unterschiedliche Messermodelle, aus denen du wählen kannst. Wähle idealerweise ein stabiles mit feststehender oder feststellbarer Klinge.

Der Funkenstahl war in jeder Staffel dabei. Um damit eine Flamme hinzubekommen, muss man a einiges vorbereiten.

WERKZEUGE

Axt, Säge und Machete – du willst zwar keine Tischlerei öffnen, ein wenig Werkzeug brauchst du beim Survival dann aber doch. Es gibt unzählige Marken, Versionen und Modelle. Sehr gute Qualität bieten dir Modelle aus dem Landwirtschaftsladen. Sie sind für harte Nutzung gedacht und entsprechend robust.

1. Eine **Axt** ist in skandinavischen Ländern unersetzlich. Mit ihr kannst du Bäume fällen, Feuerholz spalten, ja ein ganzes Blockhaus zimmern. Allerdings ist sie schwer und somit nicht gut zu transportieren.

2. Leichter und kompakter ist ein **Beil.** Das kannst du effektiv genauso einsetzen wie die Axt – es dauert aber erheblich länger.

3. Mit einer **Klappsäge** hast du genau das richtige Hilfsmittel, wenn du viel kleineres Holz verarbeiten musst. Ideal ist sie auch zum Fällen von Bäumen.

4. Eine **Machete** ist nicht einfach nur ein großes Messer. Sie muss kräftige Schläge aushalten, ohne zu brechen. Du nutzt sie, um dir einen Weg durch das Dickicht zu bahnen.

Wie du die Werkzeuge richtig einsetzt, erfährst du in Kapitel 3 »Ausgesetzt«.

DEIN SURVIVAL-KIT

Plan B: Neben deiner Ausrüstung, die du bei der eigentlichen Challenge nutzt, stellst du dir für Survival-Projekte dein eigenes Survival-Kit zusammen, also die Minimalausrüstung, die das Überleben vor allem in den ersten Tagen deutlich vereinfacht.

Ein Survival-Kit ist eine Minimalversion deiner eigentlichen Ausrüstung. Es enthält aber nur die allernotwendigsten Dinge und ist deshalb kein ausreichender Ersatz deines regulären Gears. Während du beispielsweise in der normalen Ausrüstung eine Angel, einen Schlafsack und eine Isomatte hast, besteht dieselbe Ausrüstung aus Platz- und Gewichtsgründen im Survival-Kit nur aus Haken, Leine und einer Rettungsdecke. Im Kit sind diejenigen Dinge enthalten, die sich draußen nur extrem aufwendig improvisieren lassen. Was du genau einpackst, ist aber letztendlich von Erfahrung und Geschmack abhängig. Es gilt: Je erfahrener du bist, desto kleiner kann dein Kit sein.

Survival-Kits sind wichtige Retter und werden in den Schleudersitzen militärischer Flugzeuge verbaut oder sind Rettungsinseln in Schiffen beigelegt. **In abgelegenen Regionen hast du deshalb das Survival-Kit und dein Hauptmesser ebenso wie das IFAK immer am Gürtel.** Für den Fall, dass du deinen Rucksack verlierst oder dich vom Lager wegbewegst und verirrst.

Alle deine Gegenstände, die dir das Überleben erleichtern, passen in eine **robuste Gürteltasche**.

Mit **wasserdicht verpackten Sturmstreichhölzern** bekommst du auch in sehr schwierigen Fällen ein Feuer entzündet.

Mit dem **Funkenstahl** kannst du jederzeit dein Feuer entzünden – und im Notfall auch Lichtsignale abgeben.

Ein Biwaksack, um dich nachts oder bei Unwetter gegen Unterkühlung zu schützen. Er ist prinzipiell ein dünner Schlafsack, der Wärme reflektiert und Wind abhält.

Um nach Hilfe zu rufen oder mit anderen aus deiner Gruppe zu kommunizieren, nutzt du eine **laute Signalpfeife**.

Spezielle **Signalspiegel mit Peileinrichtung** werden verwendet, um Flugzeugen, Booten oder Suchmannschaften Signale zu geben.

Einfache Rettungsdecken sind wichtige Helfer, wenn du eine Notunterkunft abdichten oder Regenwasser zum Trinken sammeln möchtest.

Wenn du im Wald oder in den Wolken keinen Himmel siehst, kannst du mit dem **Kompass** deine Marschrichtung bestimmen.

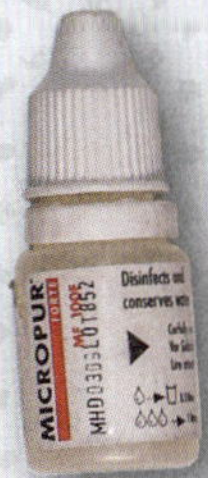

Mit **Wasserdesinfektionsmittel auf Chlorbasis** bekommst du die meisten Keime aus dem Wasser.

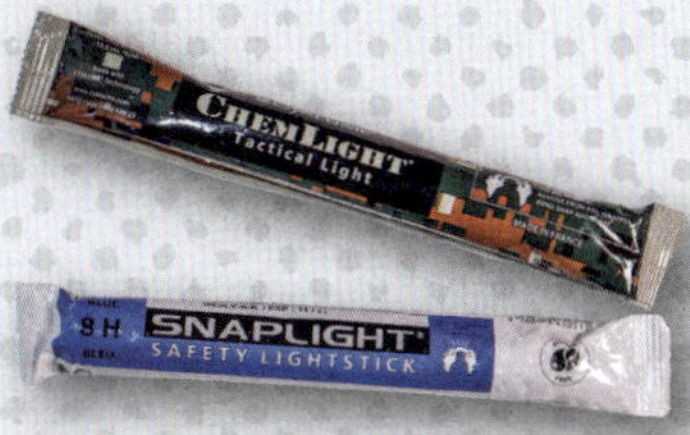

Chemisches Licht, sogenannte **Knicklichter**, kannst du zum Ausleuchten sowie zur Markierung von Wegen und Werkzeugen nutzen.

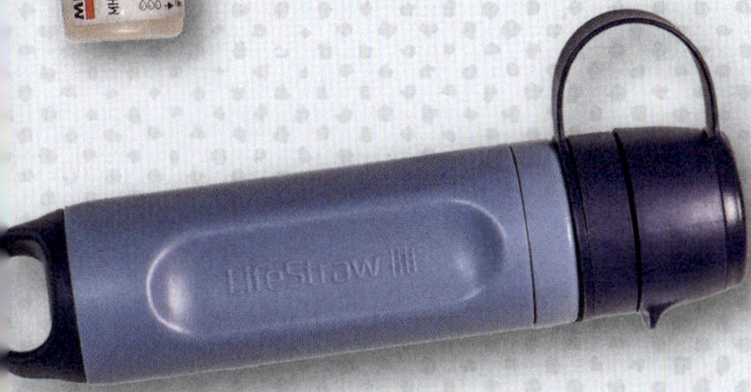

Mit einem winzigen **Survival-Wasserfilter** kann vorgeklärtes Wasser sicher trinkbar gemacht werden.

Fortsetzung auf der nächsten Seite

DEIN SURVIVAL-KIT

Fortsetzung

15 Meter **55er Paracord** werden als sehr haltbare Leine verwendet. Die einzelnen inneren 7 Fäden bilden über 100 Meter dünnere Schnur.

15 Meter **Allzweckschnur** sind ein wichtiges Hilfsmittel beim Bau von Notunterkünften, Fallen und zur Reparatur von Ausrüstung.

Mit 50 Metern **20er Angelleine aus Nylon** kannst du Fische bis zur Größe einer Forelle fangen. Sie eignet sich vor allem zum Angelfischen.

50 Meter **geflochtener 50er Angelleine** sind extrem haltbar und können zum Angeln von schweren Fischen oder zum Fang von anderen Tieren genutzt werden.

Als Schnur und zur Notfallzahnpflege ist eine Rolle **Zahnseide ohne Gehäuse** mit dabei.

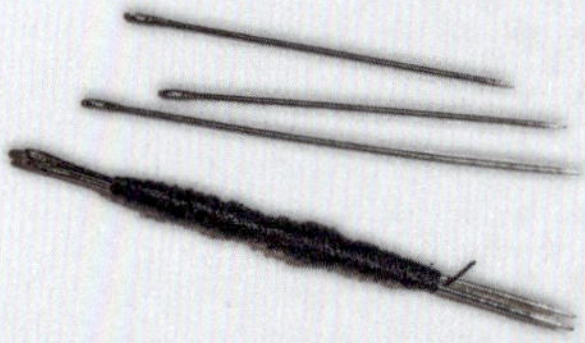

Für kleinere Ausrüstungsreparaturen sollten einige sicher verpackte **Nadeln und robustes Nähgarn** dabei sein.

Angelhaken mit Öse sind immens wichtig beim Fang von Fischen und anderen Tieren. Nimm möglichst viele davon in verschiedenen Größen mit.

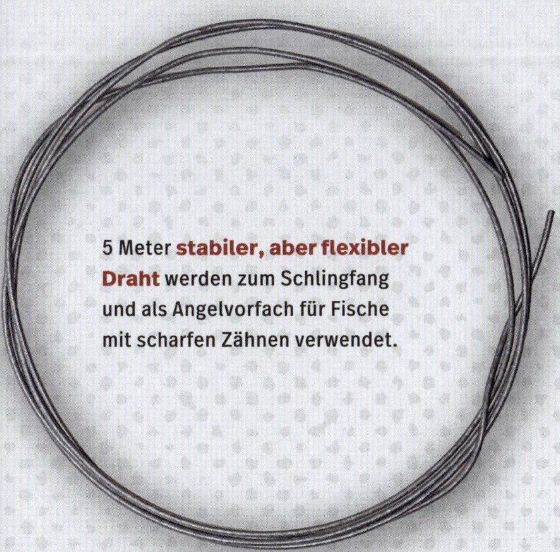

5 Meter **stabiler, aber flexibler Draht** werden zum Schlingfang und als Angelvorfach für Fische mit scharfen Zähnen verwendet.

Mit einer **Drahtsäge** kannst du keine Bäume fällen – aber zumindest präzise Schnitte bei kleineren Bauprojekten durchführen.

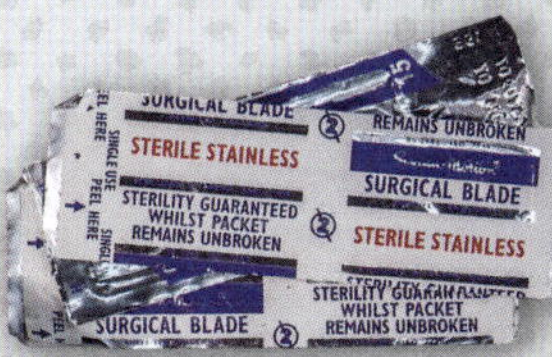

Für den Fall, dass dein Messer verloren geht oder du kleinere Operationen durchführen musst, sind einige **kleine Skalpelle** dabei.

Wenn es dauerhaft regnet und Du keinen trockenen Zunder findest, kannst du **Wachskarton** zum Entzünden der ersten Flamme nutzen.

Oft musst du Notizen, Nachrichten und Aufgabenlisten schrieben. **Bleistifte und Klebezettel** sind ideal dafür.

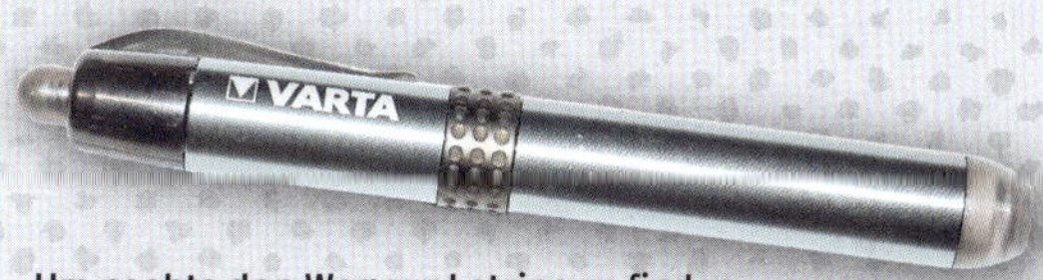

Um nachts den Weg zur Latrine zu finden oder kleine Arbeiten bei Dunkelheit auszuführen, nutzt du eine **Minilampe**.

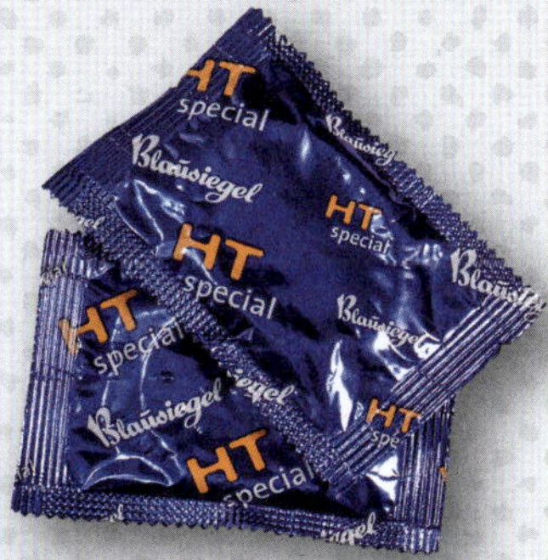

Besonders **robuste Kondome** eignen sich zum Wassertransport, Sammeln von Nahrung und Abdecken von Verletzungen.

Immer hilfreich sind einige Meter **Gaffer Tape** sowie einige kleine **Plastiktüten**.

SURVIVAL-MESSER

Jeder Teilnehmende von 7vs.Wild hat irgendwann eine Art Klinge in Gebrauch, ob Messer, Machete oder Stein. Das brachiale Draufhauen ist aber meist nicht gefragt. Oft sind es die feineren Techniken, die helfen, zum Beispiel beim Bau einer Angelausrüstung, beim Schnitzen von Topfhaltern oder beim Fallenstellen. Du nutzt dafür am besten ein einfaches Messer mit einem Griff und einer klassischen Klinge. **Die Form und Größe sind erstmal zweitrangig, solange du damit umgehen kannst.** Große Messer sind schwieriger im Handling als leichtere Klingen.

Manche Techniken wie das Hacken und Spalten sind aber mit längeren Klingen einfacher, andere, wie das Schnitzen von Löchern, klappen mit feineren Klingen besser. Letztendlich entscheidest du, was am besten zu dir und deiner Situation passt.

i Erst die Theorie, dann die Praxis. Ab nun folgen Anleitungen. Die Step-by-Step-Bilder zu den Beschreibungen findest du jeweils auf der angegebenen Seite.

SCHABEN UND SCHNEIDEN → S. 51

Schneiden ist die einfachste aller Übungen. Trotzdem passieren hier schnell Fehler. Denn das Schneiden ist kein Schaben und die meisten schaben beim Abtrennen von Holz oder Salamischeiben mit dem Messer. Beim Schaben drückt man die Klinge in eine einzige Richtung. Damit kommt man nicht tief rein. Schneiden beginnt erst, wenn neben dem Druck noch eine Sägebewegung von Griff zu Spitze dazukommt.

ABTRENNEN → S. 51

Holz hat zwei Richtungen: längs und quer zur Faser. Die Fasern sind der Länge nach ausgerichtet. Deshalb spaltest du Kaminholz auch an der Sägefläche. Möchtest du aber Stöcke abtrennen und hast keine Säge, ist das Ganze schon schwieriger. Du musst quer zur Faserrichtung schneiden, weil du den Ast nicht spalten willst. Zum Glück gibt es eine ein-fache Technik, wie du das Holz mit wenig Kraft abschneidest: halb quer, halb längs.

KRAFTSCHNITT → S. 51

Um Holz grob zu kürzen, ohne eine Säge zu benutzen, verwendest du den Kraftschnitt. Mit ihm kannst du buchstäblich Scheiben selbst von richtig dicken Hölzern abtrennen. Wichtig ist, dass dabei der korrekte Winkel mit der Klinge eingehalten wird.

HACKEN MIT MESSERN → S. 52

Ein Messer ist keine Machete, man kann trotzdem damit hacken. Aber immer daran denken, dass du auch mit einem kleinen Messer danebenschlagen und so schnell einen Finger verlieren kannst. Vor allem, wenn man müde ist, schlägt man gerne mal daneben. Deshalb das Messer am besten nur zum Abtrennen von Ästen und Palmwedeln oder beim Roden benutzen.

FEINSCHNITT → S. 52

Zum Schneiden von feinen Strukturen wie Haken oder Kerben musst du vorsichtig arbeiten. Sonst zerreißt du alles. Mit dem Feinschnitt kannst du millimeterdünne Löckchen mit sehr hoher Genauigkeit heraustrennen.

GEGENSCHNITT → S. 53

Du kennst die Regel, dass du nicht in Richtung von Körperteilen schneiden darfst. Für diesen Schnitt darfst du die Regel vergessen. Mit dem Gegenschnitt kannst du Strukturen ganz am Ende eines Werkstücks bearbeiten. Wichtig bei dieser Technik für Fortgeschrittene ist, dass du gute Kontrolle über dein Messer hast. Sonst drohen Schnitte im Finger.

HAKEN → S. 53

Oft brauchst du Haken an einem Ast – ob für Zeltnägel, zum Abspannen des Tarps oder für Widerhaken am Speer. Die Schwierigkeit dabei ist, dass Haken schnell ausbrechen, wenn man beim Schnitzen nicht vorsichtig ist. Das Schnitzen von Haken ist deshalb die ideale Übung, um präzises Arbeiten mit scharfen Messern zu lernen und dein Werkzeug zu testen. Schaffst du keine sauberen Haken, besteht Änderungsbedarf!

Egal, wie viele Messer du besitzt, gewöhne dich daran, immer dasselbe zu benutzen. So lernst du, buchstäblich blind damit umzugehen.

LOCHSCHNITT → S. 54

Du kannst auch ohne Bohrer Holz oder andere Materialien mit Löchern versehen. Aber Achtung: Mit der Spitze im Material »drillen« ist gefährlich. Ganz oft bricht dir dabei die Spitze ab oder du spaltest das Werkstück. Und wenn du dabei abrutschst, kannst du dich verletzen. Die richtige Technik ist viel einfacher.

SCHWALBENSCHWANZ → S. 54

Wenn du Hölzer so kunstvoll wie die Naturensöhne verbinden oder viereckige Rahmen für Kescher oder Liegeflächen bauen willst, kannst du eine Schwalbenschwanzverbindung nutzen.

BATONING → S. 55

Hast du nur ein Messer, aber keine Axt oder Machete, kann das Spalten relativ schwierig sein. Ein Notbehelf ist das Batoning, bei dem die Klinge mit einem Prügel durch die Fasern getrieben wird. Batoning ist allerdings relativ gefährlich und kann bei Fehlern deine Klinge zerstören und dich verletzen.

PROFI-TIPP

Hacken und Batoning sind sehr beliebte Techniken beim Bushcraft. Allerdings sind sie viel komplizierter, als man meint, und bergen große Gefahren für dich und deine Klinge. Die schwersten Verletzungen bei meinen Seminaren sind durch Hacken und Batoning verursacht worden. Beherrsche, aber meide diese Techniken.

Problematisch sind mehrere Faktoren: Erstens sind Messerstähle nicht dafür gedacht, Schläge aufzunehmen, sondern sie sollen gut schleifbar und möglichst lange scharf sein. Dazu sind sie gehärtet. Werkzeuge, die Schläge aushalten – wie Äxte und Macheten –, sind dagegen viel weicher und nehmen die Impulse auf. Zweitens sind vor allem günstige Messer von der Bauart nicht für grobe Nutzung geeignet, weil sie am Übergang zum Griff dünn werden und hier oft brechen. Drittens ist es immer gefährlich, mit beschleunigten Klingen zu arbeiten. Bei Axt und Machete ist der gefährliche Bereich relativ weit vom Körper weg. Beim Messer ist er direkt an deiner Hand. Es ist eine Technik, die nur genutzt wird, wenn es keine Alternativen gibt.

KURZE FRAGE:

Hand aufs Herz: lieber nochmal 2 Wochen alleine am selben Spot oder 4 Monate mit Affe?

4 Monate mit Ann-Kathrin! Ganz alleine wäre es mir dort mittlerweile viel zu langweilig und natürlich auch nicht mehr so aufregend wie mit Affe.

HANNAH

Schaben und Schneiden

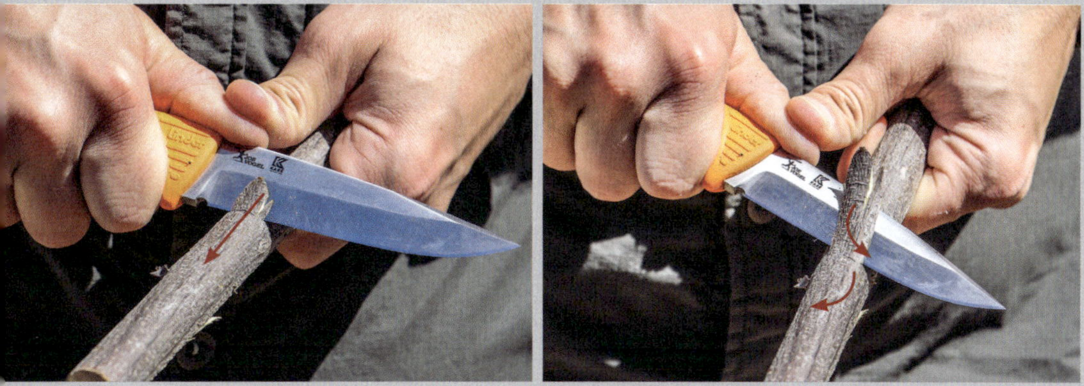

: Du schabst mit einfachem Druck auf den Klingenrücken. Dabei bleibt dein Werkstück immer auf derselben Höhe er Klinge. **2:** Auch nur eine geringe Bewegung in eine zweite Richtung vereinfacht das Durchtrennen extrem. Deshalb esteht Schneiden immer aus einer leichten Sägebewegung.

Abtrennen

: Bis unterarmdicke Stangen sind wichtiges Bau- und Konstruktionsholz. Um es aus dem Strauch zu schneiden, biegst u es möglichst stark und legst die Klinge an. **2:** Dann drückst du die Klinge diagonal durchs Holz. Die gespannten Fasern pringen einfach bei Berührung mit der Schneide zur Seite. In wenigen Sekunden hast du so den Ast herausgeschnitten.

Kraftschnitt

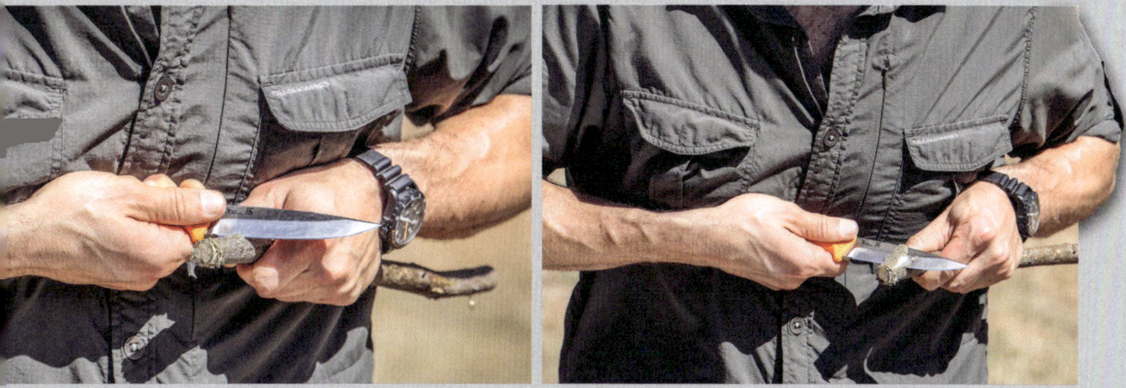

Messer mit dem Knauf auf die Brust legen, die Klinge zeigt nach außen. Das Holz von unten von der anderen Seite n die Klinge legen. **2:** Schultern nach hinten ziehen. Die Klinge mehrfach im etwa 45°-Winkel durch das Holz ziehen, ährend dicke Stücke abgeschnitten werden.

Hacken mit dem Messer

1: Messer locker in die Hand nehmen. Mit dem Unterarm etwas ausholen. Den Griff lockern und die Klinge in der Han nach oben kippen lassen. **2:** Mit dem Unterarm beschleunigen und unmittelbar vor dem Auftreffen auf dem Holz di Hand schnell schließen. Dadurch rotiert die Klinge zusätzlich.

3: Immer abwechselnd von beiden Seiten und schräg in die Faser hacken. So arbeitest du kleine Kerben aus – nich versuchen, genau quer in die Faser zu schlagen. **4:** Hast du ein Band am Messergriff, leg es beim Hacken NICHT um di Hand. Rutscht das Messer ab, fliegt es dir sonst entgegen und verletzt dich am Unterarm.

Feinschnitt

1: Nimm dein Werkstück in die eine Hand. Der Daumen muss frei bleiben. Mit der anderen Hand führst du die Klinge a die gewünschte Stelle. **2:** Beide Daumen sind auf dem Klingenrücken. Durch sanften Druck schiebst du die Klinge jetz in das Holz. Auch hier immer daran denken: schneiden, nicht schaben.

:egenschnitt

: Klinge relativ flach und über den Griff hinaus an der Klinge halten. Daumen auf die Flanke legen und das Holzstück nit der anderen Seite an die Schneide führen. **2:** Mit dem anderen Daumen Druck auf die Messerhand ausüben und so xieren. Im Zusammenspiel von Druck und Gegendruck feine Schnitte ausführen.

Haken

: Auf ein Holzstück ein Kreuz schneiden. Dabei wird das Messer vorsichtig schräg durch die Fasern gewippt. **2:** Es ent-tehen 4 Felder. Mit dem Fein- oder Gegenschnitt die 3 in Hakenrichtung stehenden Felder entfernen. Übrig bleibt ein reieckiger Steg.

: Mit vielen kleinen Schnitten den Haken untergraben. Hier mit sehr wenig Druck arbeiten, um das Holz nicht zu spal-en. **4:** Wenn der Haken zum Einhängen oder Auflegen genutzt werden soll, wird die Spitze noch flach abgeschnitten und lles gesäubert.

Lochschnitt

1: Mit der Hand über die Klinge fassen. Mit dem Daumen wird die Schneide an der Spitze abgedeckt, die Finger drücke den Stahl gegen den Ballen. **2:** Zentral auf einem abgeflachten Holz zwei Schnitte quer zur Faser eindrücken (nicht dre hen). Das Ganze auf der anderen Seite auf selber Höhe machen.

3: Die Enden der beiden Linien mit zwei weiteren Schnitten verbinden. Vorsichtig die freigelegten Fasern herausschälen **4:** Auf der anderen Seite dasselbe machen und wiederholen, bis das Loch durchgängig ist. Fasern sorgfältig entfernen.

Schwalbenschwanz

1: Der geschnitzte Schwalbenschwanz beginnt wie ein genau rechtwinkliger Haken auf beiden Hölzern an der gewünsch ten Kreuzungsstelle. Allerdings werden die beiden quer stehenden Felder entfernt. **2:** Die dreieckigen Kerben könne nun aufeinandergepresst werden. Sie haken ineinander und verbinden die Hölzer verdrehfest. Mit Kreuzbund sichern.

Batoning

1: Batoning nur mit wirklich stabilen, feststehenden Klingen mit breitem Steg zum Griff nutzen. Niemals Klappmesser oder filigrane Klingen. **2:** Suche dir einen Prügel, der gerade, unterarmlang und etwa 4–5 Zentimeter dick ist. Lockere Borke entfernen.

3: Die Klinge auf das gesägte Holzstück setzen. Spalte nur Holz ohne Verwachsungen. Es darf auch nicht dicker als 2/3 deiner Klinge sein. **4:** Durch genau senkrechte Schläge auf den Klingenrücken in der Klingenmitte das Messer in das Holz treiben. Mit etwas Glück spaltet es nun schon.

5: Dringt das Messer tiefer ein, schlag vorsichtig außerhalb des Holzes auf die Klinge. Durch Druck auf den Griff sichern, dass es sich nicht schräg stellt. **6:** Möchtest du Holz durch Batoning aus dem Strauch schneiden oder eine Stange zerteilen, die Klinge immer schräg zur Faser und niemals rechtwinklig darauf platzieren.

DER AUFWAND

Außer den Teilnehmenden waren bis zu 40 weitere Personen in der Produktion einer Staffel involviert. Neben den eigentlichen Aufnahmen der Teilnehmenden sind unzählige weitere Vorbereitungen und Tätigkeiten für eine erfolgreiche Produktion notwendig. Konzept der Staffel, Scouting der Locations, Aufbau der Infrastruktur vor Ort sowie Planung der Postproduktion nehmen rund ein halbes Jahr in Anspruch.

Neben dem Content der Teilnehmenden fallen Stunden von Interview- und BTS-Aufnahmen an.

Zu jeder Staffel gehören außerdem aufwendige Einspieler und Trennersequenzen.

Fotos auf dieser Seite von links nach rechts: Daniel Milz | Maximilian Kovacs - hitscan.de | Großes Foto: MalaraVan Thanabalasingam - vanfx.de

Für Luftaufnahmen sind immer mehrere Drohnen im Einsatz.

Van war einer der Kameramänner in *Staffel 3* und 4.

Zudem gibt es nicht nur den Content der Teilnehmenden, sondern auch Trailer, Trennersequenzen sowie zahlreiche Vor-Ort-Aufnahmen der professionellen Kameraleute, die allesamt vorbereitet und organisiert werden müssen.

Anders als bei vielen anderen Formaten wird die Sendung außerdem komplett im BTS begleitet. Ein Mehraufwand, der auf viel Interesse stößt: Die BTS-Folgen von *Staffel 4* sind insgesamt rund 25 Millionen Mal angeschaut worden.

Fotos auf dieser Seite von links nach rechts: Maximilian Kovacs – hitscan.de | MalaraVan Thanabalasingam – vanfx.de

KNOTEN-TECHNIKEN

Seile und Knoten sind bisher bei jeder Staffel extrem wichtig gewesen. Ob am Strand angespülte Leinen, die Fritz in Panama zur Hängematte umgearbeitet hat, Paracord, die in fast jeder Nalgene-Flasche der *Staffel 3* enthalten war, oder Stahlseile und Kordeln aus dem abgestürzten Flieger, die für den Bau von Fallen oder Angeln genutzt worden sind.

Ohne die richtigen Knüpfereien helfen Leinen allein wenig. Außerdem kannst du deine Leine durch den falschen Knoten beschädigen oder verlieren. **Deshalb gehören die wichtigsten Knoten zum Survival Einmaleins.**

i **Knoten gehören zu jenen Techniken, die du über Jahre regelmäßig üben musst, um sie jederzeit sicher einsetzen zu können.**

Du knotest immer mit dem kürzeren Ende der Leine. Es ist hier mit der Farbe Schwarz markiert. Der längere Teil des Seils (Rot) bleibt dabei liegen.

BUCHT UND AUGE

Um die Knüpfanleitungen schneller erfassen zu können, nutzen wir einfache Grundbegriffe.

1. Ein **Auge** ist eine in das Seil gelegte komplette Umrundung. Dabei gibt es zwei wichtige Unterscheidungen: Das schwarze Ende liegt oben oder unten.
2. Eine **Bucht** ist eine nicht über sich selbst gelegte Schlaufe. Also eine Haarnadelkurve im Seil. Buchten werden oft für komplizierte Knoten genutzt.
3. Der **Halbschlag** ist eine einfache Wicklung auf sich selbst, also ein halber Überhandknoten.
4. Ein **einfacher Überhandknoten** ist eine ganz schlichte, in sich selbst gelegte Umrundung. Es ist ein Auge, bei dem das schwarze Ende durch sich selbst gezogen wurde.

KREUZKNOTEN → S. 61

Mit dem Kreuzknoten verbindest du zwei gleich starke Seile. Man nutzt ihn idealerweise auch zum Schuhebinden. Er ist dem bekannten, sogenannten Haushalts- oder Hausfrauenknoten sehr ähnlich, aber viel haltbarer. Gewöhne dich am besten daran, immer dann einen Kreuzknoten zu machen, wenn du eigentlich gewohnheitsmäßig den Haushaltsknoten machen würdest.

SCHLINGENKNOTEN → S. 61

Eine Schlinge zieht sich im Gegensatz zur Schlaufe selbst zu. Damit kannst du die Leine an einem Stamm sichern oder mehrere Gegenstände zusammenhalten. Nachteil des Schlingenknotens ist, dass er sich nach sehr starker Belastung in sich selbst einschnürt und danach nur schwer wieder lösen lässt.

ACHTUNG!
Nutze ohne zusätzliches Training oder Einweisung die hier beschriebenen Knoten nie, um dich gegen Absturz zu sichern. Wenn du Lasten anhebst, achte darauf, dass du nie darunter stehst!

PALSTEK → S. 62

Anders als eine Schlinge, die sich zuzieht, macht der Palstek einen Ring, der unter Belastung nicht enger wird und selbst nach extremem Zug sehr einfach wieder zu lösen ist. Allerdings muss man hier aufpassen. Knüpfst du ihn verkehrt, hält er nicht. Der Palstek gehört zu den wichtigsten Knoten, die du auch mit verbundenen Augen und auf dem Rücken knüpfen können solltest.

MASTWURF → S. 63

Mit dem Mastwurf kannst du ein Seil an glatten Stangen so befestigen, sodass du sie durch den Wald ziehen kannst. Dabei wird der Knoten bei Belastung stark festgezogen. Lockerst du den Zug, lässt er sich einfach wieder lösen. Achte darauf, dass der Mastwurf zum Sichern eines Seils nur an sich nicht mitdrehenden Stangen gebunden wird. Sonst kann er sich durchziehen.

ACHTERKNOTEN → S. 64

Brauchst du Griffstellen an einem Seil, um dich zum Beispiel nach dem Wasserholen am Steilhang hochzuziehen, nutzt du den »Achter«. Du kannst ihn auch als Schlaufe verwenden. Dazu legst du eine lange Bucht und legst damit den Achter – oder du führst das schwarze Ende in den einfach gelegten Achterknoten zurück.

PRUSIK → S. 65

Der Prusik gehört zu den wichtigsten Funktionsknoten. Es ist ein verschiebbarer Knoten, der sich bei Belastung festklemmt. Du nutzt ihn zum Abspannen von Zeltleinen oder als Hangaufstiegshilfe an Seilen. Achte beim Legen darauf, dass die Seilstärke der Schlinge erheblich unter der des Fixseils liegt.

PROFI-TIPP

Es gibt unzählige Knoten. Die hier vorgestellten sind die meiner Meinung nach wichtigsten Knoten, die in diversen Bereichen genutzt werden können. Stelle dir eine eigene »Best-of-Liste« zusammen, wenn du erste Erfahrung mit ihrer Funktion gesammelt hast.

RUTSCHFEST

Die klassischen Knoten werden nur für raue Leinen und Taue genutzt. Sie eignen sich nicht für Angelleinen und andere glatte Schnüre. Wie du das machst, liest du im Teil 3 zu *Staffel 1*.

Kreuzknoten

1: Mit den beiden Enden wird ein Überhandknoten gelegt. Sie umwinden sich genau einmal. Es muss genügend Überstand vorhanden sein. **2:** Wickelt man nun in derselben Richtung einen weiteren Überhandknoten, entsteht der »Hausfrauenknoten«: Die Wicklungen der beiden Windungen zwischen rotem und schwarzem Ende sind gegeneinander versetzt.

3: Viel besser: Die zweite Wicklung genau entgegengesetzt der ersten legen. Hierdurch entstehen zwei ineinander gelegte Buchten. **4:** Zusammengezogen sieht man den Unterschied deutlich. Dieser Knoten wird auch zum Knüpfen von Netzen genutzt.

Schlingenknoten

1: Lege eine lange Bucht um den Gegenstand. Soll die Leine besonders gut fixiert sein, umwickle den Stamm einmal komplett. Lasse genügend Überstand. **2:** Knote jetzt einen Überhandknoten mit dem schwarzen Ende auf das rote Ende. Dabei endet der Knoten in Richtung des roten Endes. Ziehe zu.

Palstek

1: Leine zum Sichern um einen Baum oder Fels legen. Das schwarze Ende liegt auf der rechten Seite (wichtig!). **2:** Greif mit zwei Fingern in das rote Ende und dreh die Hand gegen Uhrzeigerrichtung. Es entsteht ein Auge, bei dem das lange Seilende unten liegt.

3: Achtung: Drehst du in Uhrzeigerrichtung und liegt das lange Seilende im Auge oben, entsteht ein Knoten, der sehr ähnlich aussieht, sich aber sofort löst. **4:** Führe das schwarze Ende von unten in das Auge. Achte darauf, dass die Reihenfolge ganz genau stimmt!

5: Das schwarze Ende nach links, dann um das rote Ende führen und auf der Oberseite wieder in das Auge zurückstecken
6: Den Knoten langsam und gleichmäßig anziehen. Ist er richtig gemacht, sieht er jetzt so aus.

Mastwurf

1: Lege das Seil an einer beliebigen Stelle über den Stamm und ziehe das schwarze Ende darunter zu dir zurück. Viel Überstand einplanen. **2:** Ziehe das schwarze Ende quer über das auf dem Stamm liegende rote Ende, sodass es sich überkreuzt. Wickle das schwarze Ende jetzt ein weiteres Mal um den Stamm.

3: Wieder vorne angekommen steckst du das schwarze Ende durch die Lücke, die sich beim Überkreuzen des Knotens ebildet hat. **4:** Wiederhole den Vorgang. Damit hast du effektiv drei gegeneinander gewendete Halbschläge nebeneinandergelegt.

KURZE FRAGE:

Wo ist Otto am liebsten unterwegs? Dschungel, Wüste oder ewiges Eis?

Alle Klimazonen haben ihren Reiz. Besonders mag ich Dschungel, wo alles lebt und grün ist – Hitze ist aber gar nicht meins. Wenn ich mich entscheiden müsste, dann boreale Wälder über dem Polarkreis. Frische Luft, Wälder, fischreiche Gewässer.

OTTO

Achterknoten

1: Beginne den Achterknoten wie einen Überhandknoten, indem du ein Auge legst. Beim einfachen Überhandknote würdest du das schwarze Ende jetzt von unten durchfädeln. **2:** Stattdessen legst du in Richtung des roten Endes ein weitere Wicklung. Damit bist du jetzt auf der Vorderseite der beiden Augen. Es entsteht eine »8«.

3: Die »8« langsam zusammenziehen. Dieser Knoten bleibt an Ort und Stelle und eignet sich als Griff. **4:** Du kannst de Achterknoten als Schlinge binden, indem du das schwarze Ende durch einen Ring oder eine Schlaufe führst und durc die »8« zurückfädelst.

AM BERG

Der Achterknoten gilt als der sicherste Knoten, der außerdem relativ einfach gebunden werden kann. Er ist in vielen Regionen außerdem der einzige, der zum Sichern von Personen, zum Beispiel am Klettergurt, zugelassen ist. Bevor du aber irgendwelche Knoten zur Sicherung von Personen nutzt, solltest du unbedingt einen Kletterkurs bzw. eine Sicherungseinweisung besuchen.

Prusik

: Für den Prusik nutzt du zwei Leinen: eine dicke Fixleine und ein Stück dünnere Schnur, zum Beispiel Paracord. Die aracord mit dem Achterknoten zu einer Schlaufe knoten. **2:** Die Schlaufe hinter das Seil legen. Dadurch entsteht das nde mit dem Achterknoten und ein anderes Ende, das als Bucht auf der rechten Seite liegt.

: Den Knoten über das Fixseil in die Bucht der anderen Seite legen und hinter dem Fixseil wieder nach links führen.
: Den Vorgang wiederholen. Es entstehen zwei Wicklungen auf dem Seil. Nur unter Zug klemmt sich der Prusik fest. onst ist er verschiebbar.

Der Prusik eignet sich, um beispielsweise einen steilen Hang zu erklimmen. Dazu wird er entlastet, hochgeschoben und dann wieder belastet.

ACHTUNG!
Benutze den Prusik nicht alleine im Überhang oder an steilen Wänden zum Aufstieg am hängenden Seil. Machst du einen Fehler, hängst du fest.

HOLZVERBINDUNGEN

Bünde fürs Leben: Neben den wichtigsten Knotentechniken gehört zum Survival-Einmaleins auch, zu wissen, wie du mehrere Stangen miteinander verbindest. Dazu benötigst du neben den eigentlichen Wickeltechniken auch die Knoten, die du in diesem Kapitel gelernt hast. Die Bünde sind vor allem beim Bau von Notunterkünften und improvisierten Gegenständen wichtig.

1 – DREIBEINBUND

Mit dem Dreibeinbund kannst du mit wenig Aufwand ein Gestell herstellen, das du **als Dreibei zum Aufhängen von Gegenständen oder Aufbau eines Dachs** auf freier Fläche nutzen kanns Mit genügend starken Seilen und Stämmen werden mit diesem Bund sogar Brücken gebau über die Autos fahren können.

1: Lege zwei Stämme parallel nebeneinander und einen dritten so versetzt in die Mitte, dass er von oben überlapp Die drei Stämme sollten möglichst gerade und stabil sein. **2:** An einen der Äußeren mit einigem Abstand zum Enc ein Seil anknoten. Zwischen den Stämmen mehrfach hin und her weben.

3: Die Seillagen müssen sauber nebeneinanderliegen und sollten gut gestrafft sein. Jetzt straff um die Webung zwischen den Stangen wickeln. Die Stangen verspannen sich nun. **4:** Durch Spreizen der Schenkel wird diese Ve spannung noch verstärkt. Die Windungen sitzen jetzt fest auf den Stangen. Das Seil so eng wie möglich um die be den Kreuzungsstellen der Seilwebung wickeln und festziehen. Am Ende ein Mastwurf.

: – ZWEIBEINE

‹uch Zweibeine werden oft benötigt. Mit ihnen lassen sich besonders **stabile Winkelverbindun-** **;en** erzeugen, die noch fester sind als der Kreuzbund.

: Zwei Stämmchen parallel nebeneinander legen. Über eines einen Mastwurf legen und beide mehrfach um- ·ickeln. **2:** Das Seil zwischen die beiden Stämmchen führen und die Wickelstellen ebenfalls mit Zug umwickeln. ·as Ende mit einem Mastwurf über die Wicklung festsetzen. Durch leichtes Spreizen verspannt sich der Knoten.

– KREUZBUND

/enn zwei **kreuzweise zueinandergelegte Stämme miteinander verbunden** werden sollen, ist er Kreuzbund genau der Richtige. Du verwendest ihn beispielsweise bei Dächern.

: Zwei Stämme kreuzweise übereinanderlegen. An den unteren das Seil mit einem Mastwurf oder Palstek an- ıoten. **2:** Ähnlich wie beim Weben eines Korbs das Seil nun um die Kreuzungsstelle weben. Dabei liegen die Wick- ngen immer an derselben Stelle und übereinander.

: Das Seil zwischen die Stangen führen und mit Kraft festziehen. as Seilende festlegen. **4:** Bei Scherbewegung der Stangen gegen- ıander spannt sich der Knoten an.

DIE 4 ESSENTIALS

Was brauchst du wirklich zum Überleben? Jeder würde diese Frage ganz anders beantworten. Für manche sind es die Familie und der Fußballverein, für andere das Handy, elektrischer Strom, guter Schlaf und der Kaffee am Morgen. Auf das alles wirst du während deines Outdoor-Abenteuers verzichten müssen. Manches wirst du sehr vermissen, anderes weniger. Es gibt also eine Abstufung zwischen »wichtig« und »weniger wichtig«.

Beim Survival baut vieles aufeinander auf – genauso wie zuhause. Dein Computer bringt dir beispielsweise überhaupt nichts, wenn du weder Strom noch Internet hast. Jeweils nur eines oder zwei der beiden sind wertlos. Nur zusammen helfen sie dir. Beim Survival ist das ganz ähnlich. Du hast »Essentials«, also notwendige Dinge, die die Grundmauern für alles andere, weniger Überlebenswichtige bilden. Dir bringt die schönste stufenlos verstellbare Kochstelle überhaupt nichts, wenn du kein Feuer hast – und keine Kochzutaten oder Utensilien. Beim Survival spricht man deshalb von den 4 überlebenswichtigen Essentials: **Fire, Water, Shelter, Food – Feuer, Wasser, Unterkunft und Nahrung.**

Ohne die 4 wirst du nicht dauerhaft draußen bleiben können. Fehlt eine sichere Unterkunft, wirst du beim nächsten Unwetter unterkühlen, auch wenn du 100 Fische am Tag fängst. Und die könntest du ohne Feuer gar nicht zubereiten. Bist du aber die ganze Zeit hungrig und energielos, wird die Notunterkunft krumm und schief und dir fehlt die Kraft, genügend Feuerholz zu sammeln oder das Feuer zu entzünden oder am Laufen zu halten. Ohne Wasser hast du sowieso ganz schlechte Karten. Aber selbst wenn du welches findest, kannst du es mangels Feuer nicht abkochen und wirst krank. **Alles hängt mit allem zusammen.**

Es gibt unter den vier Survival-Essentials also keinen Bereich, der nach der Aussetzung in der Wildnis komplett vernachlässigt werden darf. Die Gewichtung kann aber unterschiedlich erfolgen. Im warmen Panama ist Essen beispielsweise weniger wichtig als Trinkwasser. Und wenn in Neuseeland ein Wettersturz erwartet wird, ist es sehr viel wichtiger, einen sicheren Notraum zu haben, als auf Jagd zu gehen.

Erst wenn du die 4 Grundbedürfnisse gesichert hast, kannst du dich mit anderem beschäftigen.

1. FEUER

Survival ohne Feuer? Kaum denkbar. Du brauchst es zum Heizen, Kochen, für Licht und für die gute Stimmung. Feuer zu entzünden und zu erhalten, ist eine der wichtigsten Survival-Techniken überhaupt. Allerdings gehört sie auch zu den schwierigsten. **Es gibt verschiedene Methoden, mit denen du eine Flamme erzeugen kannst.** Alle Naturtechniken enden aber erst einmal in einem kleinen Glutstückchen – und nicht, wie man es erwarten könnte, in einer lodernden Flamme.

Aus der empfindlichen Glut muss dann erst der eigentliche Brand entwickelt werden. Das ist gar nicht so einfach und benötigt Vorbereitung. Bevor du dich also an das Feuerbohren *(Staffel 1)*, Feuersägen mit Bambus *(Staffel 2)* oder Feuerschlagen *(Staffel 4)* machst, musst du alles Notwendige vorbereiten. Sonst ist die ganze Energie – und auch dein Material – umsonst verbraucht. Zum erfolgreichen Feuermachen gehören immer:

1. Eine **sichere Feuerstelle**, in der für längere Zeit ein Feuer betrieben und Glut gesammelt werden kann.
2. Aufgeschichtetes, **feines Brennmaterial** als Grundfeuer, um die entwickelte Flamme auf größeres Holz zu überführen.
3. Das **Feuernest**, ein Bündel aus dünnsten Fasern, das aus der gewonnenen Glut die erste richtige Flamme macht.
4. **Brennholz**, mit dem du das Feuer etwa eine halbe Stunde erhalten kannst.

Selbst wenn du ein Feuerzeug, Funkenstahl oder Zündholz in deiner Ausrüstung hast, solltest du die einzelnen Schritte beim Training nicht überspringen. Wenn du daheim beim Grillen eine Schachtel Zündhölzer, 3 Rollen Klopapier und einen halben Liter Spiritus brauchst, um den Grill anzumachen, ist das etwas anderes, als wenn du deine Feuerstelle bei hereinbrechender Nacht und Nieselregen mit dem Funkenstahl zum Brennen bringen musst. Noch viel frustrierender, als kein Feuer angezündet zu bekommen, ist es, nach langer Arbeit endlich eine Flamme zu haben – die man aber wegen fehlender Vorbereitung nicht erhalten kann.

FEUERSTELLE → S. 72

Es gibt verschiedene Arten von Feuerstellen. Für das Survival eignet sich eher eine kleine, da du sie besser kontrollieren kannst, sie zentral und gut steuerbar Hitze abgibt und nicht so viel Brennstoff braucht. Für 2 bis 4 Personen ist die Feuerstelle mit etwa 50 bis 80 Zentimeter Durchmesser völlig ausreichend.

FEUERHÜTTE → S. 73

Du weißt, dass es nichts bringt, ein Streichholz an einen Holzscheit zu halten. Er wird nicht anbrennen. Denn Feuermachen geht immer von fein nach grob und von unten nach oben. Also nutzt du feines Reisig, das eine intensive, aber kurz brennende Flamme erzeugt und darüberliegendes dickeres Holz entzündet. Und so weiter.

Beim Survival-Feuer muss alles perfekt vorbereitet werden. Am einfachsten geht das mit einer kleinen, sogenannten Feuerhütte. Sie hat den Vorteil, dass du sie regenfest abdecken kannst, falls der Himmel vor dem Anzünden seine Schleusen öffnet.

FEUERNEST → S. 74

Für die erste Flamme brauchst du immer ein Feuernest. Das ist ein Strauß aus verschiedenen trockenen und feinen Fasern. Sie vergrößern die Glut, die durch Bohren oder Sägen entstanden ist. Ohne ein Feuernest kannst du dir jegliche Entzündungstechniken sparen. Selbst falls du Erfolg haben solltest und Glut entsteht: Du wirst ohne Feuernest keine Flamme erzeugen können.

BRENNHOLZ

Beim Survival sieht dein Brennholz meist nicht so sauber aus, wie das abgelagerte und gespaltene Scheitholz für den heimischen Kamin. Du verbrennst alles, was entfernt nach Holz aussieht und sich entflammen lässt. Wenn das Holz morsch und nass ist, schwelt und qualmt

WERTVOLLE FUSSELN

Feine Fasern sind selten. Immer sammeln, wenn du welche siehst. Findest du keine, nimm ein Bündel sehr trockenes Gras und walke und reibe es, bis nur noch feine Fasern übrig bleiben. Nasse Fasern kannst du in der Hosentasche trocknen. Das dauert nur wenige Stunden.

ACHTUNG!
Entzünde niemals Feuer auf Torf oder dicken Nadelpolstern. Die Glut kann sich nach unten fressen und noch nach Wochen plötzlich auflodern!

es allerdings nur. Idealerweise sammelst du also Brennmaterial, das nicht direkt auf dem Boden gelegen hat, sondern in Bäumen hängen geblieben ist oder suchst dir abgestorbene Stämmchen, die umgefallen sind, aber nicht auf dem Boden aufgelegen haben. **Stehende Stämmchen solltest du nur mit besonderer Vorsicht fällen** (siehe *Staffel 3*): Pass vor allem bei abgestorbenen Bäumen auf, dass dir nicht wie Niklas die Krone abbricht und auf den Kopf fällt. Wenn möglich, sammle Holz bis zu einem Durchmesser von etwa 15 Zentimetern. Größere Stücke müssten gespalten werden.

Zerkleinere dein Brennmaterial und entferne gröbere Äste. Dabei kannst du bereits sortieren: Trenne die grob zerteilten Stücke in lockere Haufen: Alles unter Bleistiftdicke dient zum Anzünden. Zum Kochen eignet sich daumendickes Holz. Alles darüber, bis etwa 5 Zentimeter Durchmesser, stapelst du ebenfalls in einem eigenen Häufchen.

Der Hauptanteil deiner Ausbeute wird großes Heizfeuerholz sein. Davon verbrennst du pro Stunde etwa 10 Kilogramm. Es ist aber sehr schwierig, die benötigte Menge für einen Tag bzw. eine Nacht abzuschätzen. Eine gute Daumenregel lautet: Wenn du denkst, genügend gesammelt zu haben, besorge nochmal dieselbe Menge. **Sammle im Zweifel lieber viel zu viel als ein bisschen zu wenig.**

Sehr morsches Holz eignet sich kaum noch zum Verfeuern. Selbst wenn es trocken ist, hat es kaum noch einen Brennwert.

Ideal sind abgestorbene und stehen gebliebene Bäume oder im Gestrüpp hängen gebliebene Äste ohne Bodenkontakt. Sie brennen am besten.

Wenn du genügend Platz und ausreichend trockenes Holz hast, kannst du auch lange Stämme direkt in das Feuer schieben und nach und nach verbrennen.

Feuerstelle

1: Vor jedem Entzünden eines Feuers wird die Umgebung von brennbaren Stoffen befreit. Gras, Stöckchen und Tan nennadeln können zu Bränden führen. **2:** Eine ideale Feuerstelle ist die Feuergrube. Sie ist bei viel Wind eine gute Wahl Zeichne am Boden ein Rechteck von etwa 40 x 60 Zentimeter an. Die Feuerstelle 15 Zentimeter tief ausschachten ZDann kann keine Glut herausfallen und das Feuer bekommt trotzdem genügend Luft.

3: Auch eine Feuergrube wird mit Steinen umrandet. Das erhöht den Brennraum ein wenig und sichert zusätzlich **4:** Die andere, sehr häufig genutzte Feuerstelle ist der einfache Steinkreis. Ein Durchmesser von 50 Zentimetern ist aus reichend groß zum Kochen für 4 Personen.

5: Achte darauf, dass die Steine so platziert werden, dass wenige Lücken dazwischen bleiben. Das erreichst du durc Drehen und Wenden der Steine. **6:** Zu jeder Feuerstelle gehört auch Löschmaterial. Entweder Sand oder eine Flasch Wasser. Eine lodernd brennende Feuerstelle darf nicht unbeaufsichtigt bleiben.

Feuerhütte

1: Stecke eine etwa 20 Zentimeter lange Astgabel schräg in den Boden der Feuerstelle. Darüber legst du einen 40 Zentimeter langen und geraden Ast. 2: Lege darunter feines, trockenes Gras, Schilfblüten oder feinstes Reisig. Achte darauf, dass darunter ein Hohlraum zum Anzünden bleibt.

3: Bedecke alles von beiden Seiten mit etwa bleistiftdicken Hölzchen. Dicht an dicht, sodass nur wenige Lücken dazwischen frei bleiben. 4: Darüber kommt eine Schicht aus zeigefingerdicken und dann etwa daumendicken Hölzern. Vor allem die oberen zwei Drittel der Feuerhütte benötigen ordentlich Brennstoff.

5: Obendrauf kannst Dubis zum Entzünden Halme, große Blätter oder Rinde legen, um alles vor Regen und Wind zu schützen. Damit ist deine Feuerstelle perfekt zum Entzünden vorbereitet. 6: In den Eingang kannst du ein Streichholz oder das brennende Feuernest platzieren.

Feuernest

1: Suche dünne Fasern von Rohrkolben, Disteln, Löwenzahn oder Schilf. Rechne je Feuernest mit dem Verbrauch einer walnussgroßen Kugel. **2:** Sammle außerdem trockene Gras- oder Schilfblüten und feines trockenes Heu. Sie bilden die zweite Stufe des Feuernests.

3: Zuletzt brauchst du grobes, trockenes Stroh. Nimm ein ordentliches Bündel, dreh den Strang ein paarmal, knicke ihr in der Mitte und lege eine Schlaufe. **4:** In diese Schlaufe hinein kommen zuerst die trockenen Gras- und Schilfblüten unc dann das Kügelchen aus den sehr feinen Fasern. Alles sollte stabil zusammenhängen.

5: Jetzt kannst du an die primitive Entzündungsmethode wie das Feuersägen gehen. Lege die entstandene Glut in das Feuernest, hebe es über den Kopf und blase hinein. **6:** Die Glut vergrößert sich, es entsteht dichter Rauch, der sich gelb färbt und plötzlich in einer großen Flamme verpufft.

7: Nimm den brennenden Strauß und schiebe ihn in die Feuerhütte. **8:** Gratuliere! Jetzt hast du dein Feuer zum Brennen gebracht, kannst Holz nachlegen und dich wärmen, Wasser abkochen und Nahrung zubereiten.

bkürzung. In Neuseeland hatten wir eine Fackel um Entzünden des Feuers. Das erspart den feinen Zunder – ist aber trotzdem keine Erfolgsgarantie!

KNOW-HOW DEEP DIVE

DER FEUERKNIGGE

Sachverstand: Es gibt einige Regeln, die du im Zusammenhang mit der Feuerstelle beachten solltest, damit dir die Flamme nicht ausgeht und dein Lagerfeuer keine Gefahr darstellt. Vor allem, weil deine Notunterkunft aus Holz und Laub hochentzündlich ist.

Dass eine brennende Feuerstelle nicht unbeaufsichtigt bleiben darf, scheint klar zu sein. Aber so einfach ist das tatsächlich nicht. Denn natürlich wirst du – vor allem, wenn du alleine bist – das Lager zeitweise verlassen müssen. Und niemand löscht das Lagerfeuer, wenn er für wenige Momente in die Büsche muss. Und was machst du, wenn du ganz alleine bist und nachts am Feuer schläfst?

Der Abbrand frisch aufgelegten Feuerholzes findet in mehreren Phasen statt, die bei dünnem und trockenem Material sehr schnell, bei dickeren und feuchten Scheiten entsprechend träge ablaufen.

Phase 1: Das Holz in der Feuerstelle erhitzt sich von außen stark und das enthaltene Wasser verdampft.

Phase 2: Es entsteht Qualm. Der ist aber nicht nur wertloses Abgas, sondern hoch entzündlich.

Phase 3: Diese Rauchgase entflammen schlagartig und der Brennstoff flammt lebhaft auf.

Phase 4: Wenn die komplette Brennstoffoberfläche verkohlt ist, geht das Feuer in einen ruhigen Flammensaum über.

Phase 5: Die Flammen werden kleiner, die Flammen gehen in Glut über.

Phase 6: Letztendlich verlischt der Brennstoff mit dem vollständigen Verglühen zu Asche.

Für den Fall, dass das Feuer außer Kontrolle gerät, müssen Fluchtwege offen bleiben und eine Löschmöglichkeit vorhanden sein.

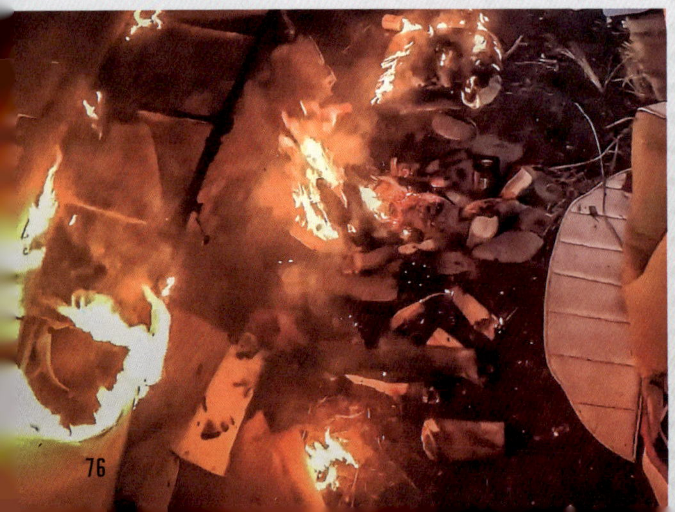

Schön geordnet und genügend weit vom Feuer entfernt wird die Hauptmenge Feuerholz gelagert.

NACHTWACHE UND VERLASSEN

Aus der Art, wie Brennmaterial in der Feuerstelle reagiert, lassen sich folgende Regeln ableiten:

- Muss das Feuer dauerhaft flammen, muss eine **ständige Feuerwache** (idealerweise mit 2 Personen) gehalten werden.
- Die Feuerstelle darf **nur in den Phasen 4 bis 6** für eine Zeit lang unbeaufsichtigt bleiben. Die Feuerstelle muss aber gut abgesichert sein.
- Bei **Solonachtwache** besteht ab der Phase 4 die Möglichkeit zu schlafen. Die Gefahr des Verlöschens besteht allerdings ebenfalls.
- Nachdem frisches Brennmaterial aufgelegt wurde, muss das Feuer **ständig beaufsichtigt** werden, bis die Flamme sich wieder beruhigt hat.
- Größere Mengen Brennholz dürfen **nicht direkt am Feuer** gelagert werden.
- Wird eine kleine Menge Holz an der Feuerstelle **vorgetrocknet**, muss es ständig beaufsichtigt werden.
- **Fluchtwege** aus der Notunterkunft müssen immer frei gehalten werden.
- Eine **Löschmöglichkeit** wie Sand, Wasser oder eine flammfeste Decke bereithalten.
- Feuer und Glut **niemals in geschlossenen Notunterkünften** betreiben (Erstickungsgefahr).

→
Wenn das Lager für längere Zeit verlassen wird, wird das Feuer komplett mit Wasser gelöscht.

↘
Kleine Mengen Feuerholz können in der Nähe des Lagerfeuers vorgetrocknet werden – mit genügend Abstand.

2. TRINK-WASSER

Am Trinkwasser hängt fast alles. Wenn du kein Wasser findest oder es nicht trinkbar machen kannst, war's das. Gelber Knopf, du bist raus. Deshalb wird beim Scouting immer darauf geachtet, dass am Spot eine geeignete Süßwasserquelle vorhanden ist. Allerdings heißt das noch lange nicht, dass damit alle Probleme aus der Welt geschafft sind. Wasser kann mit Bakterien belastet sein. Und dann droht der **Supergau: Montezumas Rache** – ein Problem, mit dem vor allem die Teilnehmenden der zweiten Staffel in Panama extrem zu kämpfen hatten.

Dabei ist Dünnpfiff nicht nur unangenehm, sondern in einer Survival-Situation richtig lebensgefährlich. Je nach Stärke bedeutet die Infektion, dass kein Wasser in den Körper aufgenommen werden kann. Es fließt buchstäblich durch dich hindurch. Durchfall ist einer der absoluten Mörder in Krisen und Notsituationen. Deshalb muss die richtige Wasserquelle gewählt und das Wasser, wenn notwendig, richtig aufbereitet werden. Wenn es dafür keine Möglichkeit gibt, musst du dich nach einer sicheren Alternative umschauen.

PROFI-TIPP

Wasser aus der Natur darf dich nicht krank machen. Das ist von deiner Gewöhnung abhängig und ob Wasser für dich trinkbar ist, also eine individuelle Frage. Denn was dich krank macht, überstehen andere ohne Probleme. Bist du regelmäßig in der Natur unterwegs, wirst du robuster gegen Keime im Wasser. Das ist auch wichtig: Du kannst nicht jeden Kontakt dazu vermeiden – für eine Infektion reichen ein paar Tropfen beim Schwimmen oder Paddeln.

Immer trinkbar ist Regenwasser, das du mit deinem Tarp oder einer Regenjacke auffangen kannst.

Der Körper ist nicht in der Lage, Wasser über längere Zeit zu speichern. Trinkt man deshalb nicht genügend, kann das zu ernsthaften Problemen führen. Du verdurstest zwar nicht von einem Moment auf den anderen, aber je nach Temperatur ist spätestens an Tag 3 Schluss mit lustig. Dann drohen ernsthafte gesundheitliche Probleme.

Wie viel solltest du trinken? Das lässt sich nicht pauschal sagen. Wenn du genügend Wasser hast, trinke immer dann, wenn sich der Durst meldet (trockener Mund), und zusätzlich, wenn sich dein Urin dunkelgelb verfärbt.

Insgesamt sollten das je nach Körpergewicht und Bewegung zwischen 2 und 3,5 Litern sein. Nicht sehr viel mehr und nicht sehr viel weniger.

Deine Aufgabe wird es also sein, jeden Tag mindestens so viel Süßwasser zu finden und zu erkennen, ob es unbehandelt trinkbar ist oder ob es aufbereitet werden muss.

FAST DURCHSICHTIGES WASSER

Mit Ausnahme von Wüsten ist es eigentlich immer möglich, an Trinkwasser zu kommen. In den meisten Regionen musst du dich zum Aufspüren von Gewässern nur ein wenig umsehen. Wasser folgt dem Gelände immer nach unten. Eine Ausnahme bilden Schnee und Eis. Die musst du einfach nur aufsammeln und schmelzen.

Siehst du eine Mulde, ein Tal oder eine Lücke im Gelände, suchst du dort zuerst. Wasser hat oft über viele Jahrtausende das Gelände geformt und so das Tal überhaupt erst erzeugt. Dort angekommen siehst du dich genau um. Findest du nicht sofort einen Bach oder Tümpel oder ist dieser ausgetrocknet, achtest du auf besonders grüne Pflanzen: Farne, Binsen, Rohrkolben oder Schilf. Sie alle wachsen auf feuchtem Boden. Nicht immer ist

»Fast durchsichtiges Wasser!« Sascha trinkt aus einem völlig verunreinigten Tümpel Wasser und bekommt danach »Kreislauf« und »Magen-Darm«. Besser das Wasser vor dem Trinken abkochen.

das Wasser dort gleich zu sehen. Manchmal musst du den Sand im trockenen Flussbett oder den Morast auf dem Tümpelboden entfernen, bis sich erstes Wasser sammelt. Wenn du Glück hast, siehst du das Wasser aber auch so einfach aus einem Fels oder durch den Strandkies sickern.

Als Nächstes musst du 2 Dinge abklären: Handelt es sich überhaupt um Süßwasser und ist das Wasser mit Bakterien oder einzelligen Erregern verunreinigt?

Um zu überprüfen, ob du auf Süßwasser gestoßen bist, kannst du einen Filter nutzen und eine kleine Menge Wasser filtern. Wenn es salzig sein sollte, nimmt der Filter dadurch zumindest keinen Schaden.

Mach jetzt nicht den Fehler in aller Euphorie vom Wasser zu kosten, so wie es Sabrina und Sascha gemacht haben – und kurze Zeit später hinter die Büsche rennen mussten.

Du musst zunächst einmal einschätzen, ob das Wasser verunreinigt ist. Geh deshalb erstmal davon aus, dass es schmutzig ist, und lass dich erst dann vom Gegenteil überzeugen.

Hast du keinen Filter parat, musst du das Wasser anders beurteilen. Kommt es direkt aus einer Quelle und ist es absolut klar, wirst du es bestimmt nicht reinigen müssen.

Sickert es aus lockerem Kies oder durch ein kleines Flussbett, sieht die Sache anders aus. Die wichtige Frage lautet: Haben Menschen oder Tiere das Wasser in größerer Menge mit ihren Fäkalien verunreinigt? Das ist nämlich der Grund für Vergiftungen durch Trinkwasser.

Ein kleiner Quelltümpel, den Wildtiere zum Trinken und Baden nutzen, ist ebenso gefährlich wie ein schmales Rinnsal, das zwischen dem Gestrüpp aus einem tropischen Wald kommt, oder ein langsam fließender breiter Bach, in dem Biber und Krokodile leben.

Manche Sumpfpflanzen wachsen nur im Matsch. Du musst manchmal etwas graben, um an das Wasser zu kommen.

Ein breiter und langsam fließender Fluss mit vielen Tieren. Das Wasser ist so nicht trinkbar!

Darin gibt es zahlreiche Bakterien und einzellige Parasiten, die dir das Leben in den nächsten Tagen zur Hölle machen werden. Ein schnell fließender Bach im Tal in Neuseeland ist dagegen trotz der zahlreichen Wildtiere viel weniger verschmutzt. Die große Menge an Wasser, die ständig schnell hindurchgespült wird, hält das Wasser sauber – sogar, wenn ein Kadaver einige Hundert Meter flussaufwärts darin liegen sollte. Stammt das Wasser also direkt aus einer Quelle oder ei-

chnell fließende Gewässer sind meist so sauber, ass du das Wasser nicht aufbereiten musst.

st der Wasserstand im Strandbrunnen höher als das leer, hast du wahrscheinlich Süßwasser. Durch die randung wird es aber leicht salzig sein.

em klaren, schnell fließenden Bach musst u dir meist keine weiteren Sorgen machen nd kannst es bedenkenlos probieren.

Ist das Wasser trüb oder gibt es viele Vildtiere, schau dir das Ufer an. Hast du andigen oder lockeren Boden, grabe in 5 bis 0 Meter Abstand zum Fluss, bis du an Wasser ommst. Das im Fluss schmutzige Wasser ickert durch den Sand bis zu deinem Loch nd wird dabei gefiltert. Oft kann man dieses runnenwasser direkt so trinken.

Kannst du auf solche sauberen Quellen nicht zugreifen, musst du das Wasser noch vor dem Probieren aufbereiten, also filtern, desinfizieren oder abkochen.

PROFI-TIPP

Wenn du dir unsicher bist, überlege dir instinktiv: Würdest du zuhause in einem solchen Gewässer baden, ohne danach zu duschen? Wenn nicht, sollte es aufbereitet werden.

VORKLÄREN → S. 84

Jetzt hast du einige Liter Wasser gesammelt und möchtest es aufbereiten. Hast du einen Wasserfilter dabei, kläre das Wasser vor, bevor du es in deinen Filter kippst. Ist das Wasser zu trüb, wird er sonst nach wenigen Litern verstopft sein. Außerdem muss das Wasser absolut klar sein, wenn du SODIS, also die Solare Wasserdesinfektion, machen möchtest.

So einfach geht's: Lass das Wasser einige Zeit stehen. Oft sinken Schwebeteilchen an den Boden und das Wasser ist schon deutlich klarer. Schneller ist das Vorfiltern. Dazu leitest du das trübe Wasser durch deinen Schlauchschal, ein dichtes Fleece oder ein Dreiecktuch.

Es gibt spezielle Vorfilter, die du benutzen kannst. Sie können aber keine Bakterien aus dem Wasser holen.

Mit einfachen Vorfilterkartuschen kannst du das Wasser vorklären.

ENTKEIMEN → S. 84

Nach dem Vorfiltern geht es den gefährlichen Keimen an den Kragen. Du kannst das Wasser jetzt durch deinen **Filter** drücken, einen **Flaschenfilter** bauen *(Staffel 3)* oder das Wasser einmal richtig aufkochen und wieder abkühlen lassen. Hast du keinen Topf zur Hand, kannst du mit Steinen kochen *(Staffel 3)*.

Mit **Abkochen** bist du immer auf der sicheren Seite. Zu guter Letzt ist die Chemiekeule eine ziemlich verlässliche Sache. Es gibt verschiedene Chlormittel, die als Tablette oder Tropfen genutzt werden können.

PROFI-TIPP

Wenn das Wasser vermutlich sauber ist, Du aber trotzdem ein ungutes Gefühl hast, gewöhne dich an ein Teeritual – ähnlich wie die Teilnehmenden in Neuseeland, die jeden Morgen viel des sehr wässrigen Hagebuttentee getrunken haben. Das hilft, dass auch sehr empfindliche Streamermägen unbeschadet bleiben.

SALZ UND MINERALIEN

Dann war da noch die Sache mit dem Salz, die Fritz und Martin bei *Staffel 3* in Kanada nach wenigen Tagen zum Abbruch gezwungen hat. Im Gegensatz zu Bakterien und einzelligen Erregern kannst du Salz nicht sehen, aber schmecken.

Während einer Sturmflut wurde der Fluss, aus dem Fritz und Martin ihr Trinkwasser gewannen, mit Meerwasser verunreinigt, weshalb das Wasser salzig schmeckte. Meerwasser kannst du auf keinen Fall einfach so trinken. Jeder Liter enthält rund 40 Gramm Kochsalz. Damit kommt dein Körper nicht klar. Trinken Schiffbrüchige Meerwasser, ist das ihr sicheres Ende.

Regenwasser, das immer ohne Entkeimung trinkbar ist, enthält dagegen praktisch keinerlei Salz. Aber **du verlierst über den Schweiß und Urin ordentliche Mengen an Salz.** Hast du keine andere Salzquelle, ist das also auf Dauer auch nicht wirklich gesund.

Neues Hobby: Steine lecken. Dein Mineralienbedarf ist in einer Survival-Situation sehr hoch. Hast Du nicht genügend Nahrung oder Salzwasser, suchst du Alternativen.

»Fritz und Martin hätten das Wasser einfach entsalzen können«, wurde von vielen Zuschauern angemerkt. Tatsächlich ist das ein technisch sehr anspruchsvoller Vorgang, wenn man wirklich brauchbare Mengen Süßwasser gewinnen möchte. Neben einem fest verschlossenen Kochgefäß wird ein Kühlrohr benötigt, das ständig mit Wasser benetzt wird.

↓
Das Teeritual: Damit alle genügend trinken, war in Neuseeland immer heißer Hagebuttentee auf dem Feuer. Das bringt Flüssigkeit, einige Nährstoffe und wärmt zusätzlich von innen.

In Panama hat der stark schwitzende Otto je Liter Schweiß etwa 3 Gramm Salz verloren – ohne Essen ist man da schnell im Salzmangel, was man an Schwellungen im Gesicht und Antriebslosigkeit erkennen kann.

Dein Körper kommt auf Dauer mit etwa 10 Gramm Salz je Liter Wasser aus. Wenn du das mal ausprobierst, schmeckt das superwiderlich. Aus Versehen wirst du also zu salziges Wasser nicht trinken.

Alles, was weniger salzig schmeckt, wie das leicht brackige Wasser am Spot von Fritz und Martin, ist für einen gesunden Menschen über mehrere Wochen hinweg ungefährlich. Durch die körperliche Leistung verbrauchst du ohnehin sehr viel mehr Salz und nimmst aber nur wenige Mineralien durch deine Mahlzeiten auf. Wenn du also gefiltertes Brackwasser hast, das ein wenig nach Salz schmeckt, ist das eher ein Vorteil. Trinkst du nur reines Süßwasser, nimm dann und wann einen Schluck Meerwasser.

ACHTUNG!
Der Körper toleriert mehr Salz, als man denkt. Ozeanwasser ist mit ca. 35 Gramm je Liter aber viel zu salzig als alleinige Wasserquelle.

Vorklären

1: Einfach etwas stehen lassen: Nach einigen Minuten ist das Wasser schon deutlich klarer und du kannst es vorsichtig abkippen. **2:** Mit dichten Textilien über dem Flaschenhals kannst du grobe Partikel entfernen. Es muss aber richtig eng gewebter Stoff sein.

Entkeimen

1: Messe etwa einen Liter Wasser ab. Die Entkeimungsmittel werden genau dosiert. Gib die entsprechende Menge Tabletten oder Tropfen hinein. **2:** Ist das Wasser sehr stark gelbbraun gefärbt, handelt es sich wahrscheinlich um Gerbstoffe. Nutze die doppelte Menge Desinfektionsmittel. Gibt es vor Ort Biber und ähnliche Tiere, warte die doppelte Einwirkzeit ab.

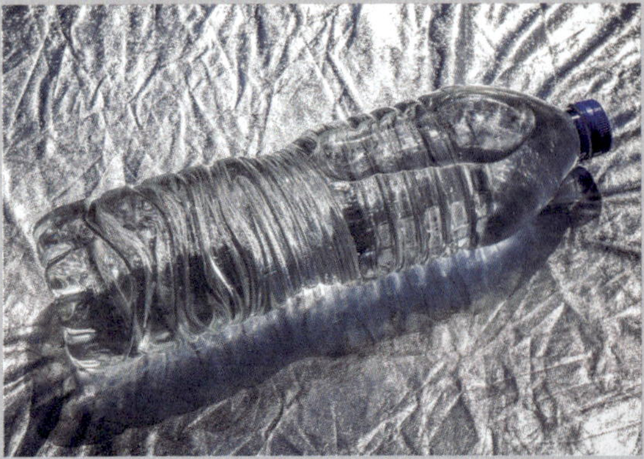

3: Konntest du alle Schwebstoffe entfernen bzw. ist das Wasser absolut klar, lege es in einer transparenten PET-Flasche möglichst auf einer reflektierenden Folie, für 6 Stunden in die pralle Sonne. Das tötet die gefährlichen Erreger. **4:** Trekkingfilter sind ebenfalls eine sichere Lösung deines Wasserproblems. Achte darauf, dass der Filter regelmäßig gereinigt wird.

HEAVY METAL!

Unsichtbare Gefahr: Über Schwermetalle in Flüssen und Seen zerbrechen sich viele den Kopf. Wie gefährlich sind sie wirklich und woher weißt du, ob diese gelösten giftigen Mineralien im Wasser sind?

Du hast dich bestimmt schon mal mit Schwermetallen beschäftigt. Ganz grob gesagt sind das Metalle, die mehr als 5 Tonnen je Kubikmeter wiegen. Dazu gehören Chrom, Arsen, Cadmium, Blei – aber auch Eisen, Gold und Wolfram. Viele dieser Schwermetalle können eine wasserlösliche Form annehmen und sie reichern sich im Körper an, wenn man belastete Lebensmittel isst oder trinkt.

Schwermetalle kommen in Spuren in jedem natürlichen Boden vor und sind auch völlig normaler Bestandteil von sauberem und klarem Quellwasser. Du nimmst jeden Tag Schwermetalle auf und viele benötigt dein Körper sogar ganz ähnlich wie Vitamine. Wie gefährlich sie sind, ist von vielen Faktoren abhängig – vor allem von der Dosis.

Mit ganz wenigen Ausnahmen ist die natürliche Wasserbelastung aber so gering, dass du keinen Schaden nimmst. Auch nicht, wenn du auf Reisen einige Wochen aus einer scheinbar sauberen Wasserquelle trinkst – obwohl sie gering belastet ist.

Ganz anders sieht das aber aus, wenn Wasser durch alte und verrottete Bleileitungen geführt wird oder wenn die Belastung durch **Industrie, Bergbau, landwirtschaftliche Ausbringung von Düngern und Pestiziden oder Kampfstoffe** und andere militärische Altlasten verursacht worden ist. In diesem Fall kann die Konzentration extrem hoch sein und auch beim Trinken geringer Mengen zu ernsthaften Schäden führen. Wasser auf die Belastung durch Schwermetalle zu untersuchen, ist ohne Labor gar nicht einfach.

Ein Hinweis kann eine rote, blaue oder hellgelbe Färbung des Wassers sein. Schüttelt man solches Wasser oder erwärmt es ein wenig, wird es milchig-trüb. Das ist schon ein ernst zu nehmendes Warnzeichen.

Außerdem muss die Umgebung bei der Begutachtung einbezogen werden. Gibt es Industrie oder Bergbau in der Region oder ist bekannt, dass hier militärische Übungen oder Kämpfe stattgefunden haben?

Beim milchig-blauen Teich, den Fritz in *Staffel 2* gefunden hat, schrillen alle Alarmglocken! Es ist milchiges, verfärbtes Wasser auf einer Insel, auf der jahrelang Übungen der US-Army mit Sprengstoffen stattgefunden haben. Hier hat Fritz ganz richtig reagiert: Solches Wasser auf keinen Fall trinken!

WASSER FINDEN

Lebenswichtig: Sofern du nicht gerade an einem großen See oder Fluss bist, besteht eine deiner ersten Aufgaben aus dem Suchen und Finden einer Wasserquelle. Dabei geht es tatsächlich erstmal darum, überhaupt etwas Flüssiges zu bekommen.

Je mehr Quellen du findest, desto wahrscheinlicher ist es, dass eine **saubere Quelle** dabei ist. Einerseits scheint die Wassersuche einfach zu sein – man muss nur an die tiefste Stelle eines Tals. In der Praxis ist das aber nicht ganz so einfach. Du brauchst einige Hinweise. Wasser ist nämlich nur in bestimmten Fällen als See, Teich oder Fluss sichtbar.

Oft ist das Wasser in versteckter Form vorhanden. Dabei kann es im schlimmsten Fall nur in Pflanzen vorliegen oder als Matsch in einem ausgetrockneten Moor. Besonders, wenn es nicht regelmäßig regnet, zieht sich Oberflächenwasser so weit zurück unter die Oberfläche, dass es nicht mehr der Sonneneinstrahlung und damit der starken Verdunstung ausgesetzt ist. Das bekannteste Beispiel hierfür sind die gigantischen Wasserspeicher, die seit Zehntausenden von Jahren im Sand der Arabischen Halbinsel gespeichert sind. Einen ähnlichen Effekt gibt es auch in Kies und porösem Fels. Ganze Ströme verschwinden während der Trockenzeit in den Flussbetten. Wer die Umgebung lesen kann, findet an entsprechenden Stellen einige Meter unter der Oberfläche das kühle Nass.

Weil man nicht einfach so jeden Quadratmeter der Umgebung nach Wasser absuchen oder Hunderte Probegrabungen vornehmen kann, achtet man auch auf **Indikatoren**, die Wasser indirekt anzeigen können.

1 – GEBIRGSBACH

Ablaufstrukturen am Berg sind Kennzeichen, dass hier Schmelzwasser ablaufen muss.

2 – GELÄNDE

Überlappende Bergrücken oder Einschnitte haben oft kleine Abflüsse.

3 – SUMPFPFLANZEN

Rohrkolben, Binsen und Schilf sind Hinweis auf zumindest einen Sumpf.

4 – ÜBERSCHWEMMUNG

Algen im Geäst: Es muss einen Fluss geben, der regelmäßig über das Ufer tritt.

5 – BAUMGRUPPEN

In Gruppen oder Reihen stehende Bäume zeigen oft Flüsse an.

6 – FLUSSBETTEN

Tief eingegrabene Flussbetten sind ein sicherer Hinweis, dass Wasser zu finden ist.

7 – VERSTECKT

Bei trockenen Flüssen kann tief im Kies oder Sand das ganze Jahr lang Wasser gefunden werden.

8 – UNERWARTET

Bei trockenen Abflüssen ins Meer am Strand in den Boden graben. Hier findet man oft Süßwasser.

9 – MISCHWASSER

Kalte Stellen im Meer sind Hinweis auf Unterwasser-Süßwasserquellen.

1
2
3
4
5
6
7
8
9

UNTERWEGS

Technik und persönliches Gepäck – alles muss mit.

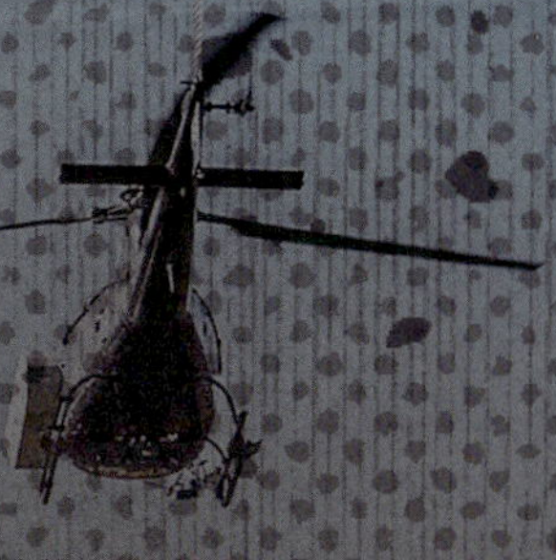

Abgelegene Orte in außergewöhnlichen Ländern. Die Dreharbeiten für 7vs.Wild bedeuten immer eine Expedition. Nicht nur die Teilnehmenden werden in andere Länder gebracht, sondern auch alle bei der Produktion Beteiligten und buchstäblich Hunderte Kilogramm an Produktionsmaterial wie Kameras, Akkus, Sicherheitsmaterial.

Reise und Logistik nehmen mehr als ein Drittel der Produktionskosten in Beschlag. Transportmittel bei der Anreise waren Linienflieger, Chartermaschine, Privatflugzeug, Fähren, Busse, Schnellboot und Helikopter. Jeder Passagier und jede Boots- bzw. Flugminute treiben die Kosten weiter in die Höhe.

Bis zu 40 Personen haben die Reise angetreten.

Ohne Nutzung von Flugzeug und Helikopter wäre die Produktion von 7vs.Wild kaum möglich.

3. SHELTER

Wenn du dich den ganzen Tag draußen in der Wildnis rumgeschlagen hast, fühlt es sich gut an, nach Hause zu kommen, um die Füße hochzulegen. Das ist nach der Aussetzung nicht anders. Nur dass dann deine Wohnung bestenfalls aus einer Zeltplane, wahrscheinlich aber eher aus Laub, Moos und morschem Holz besteht.

Sinn dieser Notunterkunft ist, dass sie dir nachts und bei schlechtem Wetter ausreichend Schutz bietet. Sie sollte also Regen, Schnee und Wind abhalten – und verhindern, dass du im Bett Besuch von Krabblern, Wölfen und Schlangen bekommst.

Wie du eine Notunterkunft zusammenstellst, ist von den Möglichkeiten vor Ort abhängig. Gibt es genügend Bauholz, Farn, Moos oder sogar Palmwedel, ist es sehr viel einfacher, etwas zu bauen, als wenn du nur trocken gebackenen Boden und ein paar dürre Halme zur Verfügung hast. Eine Notunterkunft in den Tropen sieht deshalb völlig anders aus als eine in den kargen Höhen Neuseelands oder den dichten Nadelwäldern Schwedens.

Eine Notunterkunft besteht immer aus einer Matratze als Bodenisolation und einem Schutzdach. Ob deine Hütte ein mehrstöckiges Naturensöhne-Gesamtkunstwerk wird oder eher simpel wie Novas Mikado-Hütte – oder du ganz darauf verzichten kannst, weil du eine Höhle mit weichem Untergrund gefunden hast –, lässt sich natürlich nicht vorher sagen.

LAGERPLATZ

Extrem wichtig für deinen Lagerbau ist der richtige Lagerplatz. Wie du in den vergangenen Staffeln sicherlich immer wieder mal gesehen hast, kann der falsche Lagerplatz dazu führen, dass du unerwartet umziehen musst – oder sogar schwer verletzt wirst. Dein Schlafplatz darf nicht von offensichtlichen oder versteckten Gefahren bedroht werden. Denn wenn du erst einmal in deinem Bett liegst und schläfst, kann alles passieren!

Es gelten einige wichtige Regeln:

1. Baue dein Lager nie unter Abbruchkanten, in lockeren Aushöhlungen aus Kies und Stein oder in Höhlen in Erde. Wenn sie zusammenbrechen, kommt jede Hilfe zu spät.
2. Flussbetten und der Spülsaum der Brandung sind ebenfalls tabu. Dort wo Schwemmholz oder Müll angetrieben wurde, wird früher oder später auch das Meer hinkommen.
3. Baue dein Lager nie in Kuhlen oder natürlichen Becken. Wenn es regnet, laufen sie voll und du liegst in einem See.
4. Blick nach oben! Kokosnüsse, im Baum hängende Äste und abgestorbene Kronen können sich bei Wind lösen und dich erschlagen. Darunter nie lagern!

Verlockend: Eine Höhle darf nur dann als wetterfeste Unterkunft genutzt werden, wenn die Decke aus festem Fels besteht. Nütze niemals Auswaschungen in Kies oder Sand!

IMMOBILIE

Denke genau nach, wo deine Hütte dauerhaft stehen kann. Kombiniere möglichst viele Informationen und wäge genau ab: Verfügbare Ressourcen, Wetterschutz, Sicherheit, Sichtbarkeit und so weiter. Vorschnelle Entscheidungen können sich bald rächen.

DEIN BETT → S. 93

»Der Tod kommt von unten« ist ein altes Trapper-Sprichwort. Und wenn du mal versucht hast, mit Schlafsack, aber ohne Isomatte draußen zu übernachten, weißt du genau, was damit gemeint ist. Zuerst frierst du an den Nieren, dann an den Schultern und irgendwann bist du völlig unterkühlt.

Dabei muss der Boden nicht mal gefroren sein, wie in Neuseeland. Schon im sommerlichen, aber nassen Schweden, sogar im tropischen Panama kann es vom Boden her sehr frisch werden.

Also muss eine **Bodenisolation** her. Und 'idealerweise fängst du beim Hausbau genau damit an - noch bevor du mit dem Dachstuhl beginnst. Mit dem Dach darüber hast du manchmal gar keinen Platz mehr, um eine richtige Matratze zu bauen.

> **PROFI-TIPP**
> Die einfachste Form einer Matratze besteht aus einer dicken Schicht trockenem Laub oder Gras. Es legt sich aber in der Nacht schnell platt.

Bodenisolation ist überlebenswichtig. Für das Training im Winter eignen sich unterschiedliche Trekkingmatten.

TARPS → S. 94

Ein Tarp ist draußen eine echte Lebensversicherung. Es besteht aus einer einfachen Zeltplane, die entweder direkt als Regendach aufgespannt werden kann oder zum Abdichten deiner Notunterkunft genutzt wird. Ist dein Regenponcho ausreichend groß, kannst du auch ihn als Tarp aufspannen. Im Notfall nutzt du auch die Rettungsdecke aus deinem Erste-Hilfe-Set.

> **PROFI-TIPP**
> Mit dem Tarp können unterschiedliche Dächer aufgebaut werden. Mit dem Firstdach liegst du meistens richtig.

SCHRÄGDACH → S. 95

Das Schrägdach oder **»Lean to«** ist eine sehr einfache Notunterkunft, die sich praktisch überall bauen lässt. Es besteht aus einer einfachen schrägen Dachfläche. Du benötigst einen stabilen Rahmen, der den Dachfirst hält, sowie eine Dachabdeckung. Das Schrägdach sollte mit der geschlossenen Seite in Richtung Wetter zeigen. Die offene Seite lässt sich gut mit einem Feuer beheizen.

DEBRIS HUT → S. 96

In Regionen mit viel trockenem Laub und pflanzlichem Unrat ist die Debris Hut der ideale Unterstand. Eine Debris-Hütte ist prinzipiell eine Höhle in einem großen **Laub-, Moos- oder Nadelhaufen**. Sie isoliert so gut, dass du ohne Feuer auch im Winter darin schlafen kannst. Nur die Dicke des Polstermaterials verhindert, dass Regen hindurchdringt. Allerdings dauert es einige Zeit, bis du genügend Baumaterial beisammen hast.

Dein Bett

: Baue dir einen Rahmen. Mehrere, etwa 10 Zentimeter dicke Stämmchen parallel nebeneinanderlegen und im Boden xieren. Die Zwischenräume mit trockenem Laub füllen. **2:** Über die Längsholme viele Äste quer legen und oben dick olstern. Das ist die eigentliche Liegefläche.

: Erst wenn die Liegefläche fertig ist, wird das Dachgestell darüber errichtet. **4:** Gibt es gefährliche Tiere vor Ort, annst du dein Bett auf eine erhöhte Plattform bauen. Hier muss die Liegefläche besonders gut isoliert werden.

URZE FRAGE:

/as sollte jeder 7vs.Wild-Teilnehmende us Holz bauen können?

lan muss in der Lage sein, ein wirklich egendichtes Shelter aus Naturmaterialien auf- ubauen. Gar nicht so einfach! Oft scheint ie Unterkunft dicht zu sein – ist sie aber berhaupt nicht.

GERRIT

Tarps

1: Das bekannteste Tarpdach ist das Firstdach. Binde dafür das Tarp an zwei gegenüberliegenden, mittigen Schlaufe zwischen zwei Bäume. **2:** Rechts und links spannst du das Tarp nach unten ab. Du kannst es auf der Wetterseite niedri ger abspannen, die andere etwas höher lassen.

3: Alternativ fixierst du das Tarp an einer langen Seite mit Spießen direkt am Boden. Achte darauf, dass das die Wind- un Wetterseite ist. **4:** Die andere Seite spannst du jetzt auf beiden Seiten nach oben. Dadurch entsteht ein nach vorn ge öffneter Raum. Ideal, um davor ein kleines Feuer zu platzieren.

5: Erwartest du schweres Unwetter, spannst du das Tarp mit Zeltnägeln auf einer kurzen Seite komplett flach am Bode ab. **6:** Die beiden vorderen Ecken werden so abgespannt, dass ein kleiner Ast eine Einstiegsluke offen lässt. In der Mitt etwas nach oben spannen.

Schrägdach

1: Platziere einen etwa 2 Meter langen First auf in den Boden gestecke Astgabeln. Das Ganze wird etwa 1 bis maximal 1,5 Meter hoch. Je höher das Dach wird, desto mehr Platz wirst du haben – aber auch der Aufwand zum Abdichten steigt enorm. **2:** Von einer Seite mit Stangen im Winkel von etwa 45° abdecken.

3: Wenn die Fläche komplett mit Ästen bedeckt ist, beginnst du, sie dicht mit Laub, Brennnesseln, Farn oder Palmwedel abzudecken. Immer den Stängel nach oben richten. **4:** Dicht wird das Dach erst sein, wenn buchstäblich kein Licht mehr hindurchkommt. Teste regelmäßig mit Blick von innen, wo nachgearbeitet werden muss.

5: In der vegetationsarmen Zeit kannst du zum Abdecken auf Tannenreisig zurückgreifen. Ist das nicht verfügbar, nutze lockere Borke, die wie Schindeln von unten nach oben gedeckt wird. **6:** Vorteil am offenen Schrägdach ist, dass mehrere davon zu einem Tippi mit zentraler Feuerstelle zusammengestellt werden können.

Debris Hut

1: Die Debris Hut beginnt mit einem Gestell, das gerade so groß ist, dass du komplett hineinpasst. Das Dach geht am Fußende in den Boden über. **2:** Die Seiten mit zahlreichen Ästen abdecken. Darauf kommen Schlingpflanzen, Farn, Rei sig – alles, was die zahlreichen Lücken komplett verschließen kann.

3. Das Dach wird jetzt buchstäblich mit Kubikmetern Waldunrat bedeckt. Vor allem trockenes Laub und Moos sin ideale Deckmaterialien. Sie isolieren und bremsen das Wasser. **4:** Die geschlossene Debris Hut lässt sich nicht behei zen. Brauchst du dauerhaft ein Feuer, lasse eine Seite offen. Damit hast du Regenschutz und kannst ein Feuer betreiben

KURZE FRAGE:

Nachdem Gerrit ausgeschieden ist, wäre dir damals oder danach in den Sinn gekommen, den Joey zu machen und alleine weiter zu machen?

Niemals, auf gar keinen Fall, und das war mir auch sofort klar. Wenn Gerrit rausmuss, geh ich definitiv mit. Ich will ja auch wissen, wie es ihm geht. Da habe ich wirklich keine Sekunde lang darüber nachdenken müssen.

ANDY

4. NAHRUNG

Viele sind der Meinung, dass Nahrung bei 7vs.Wild gar nicht so wichtig ist. Schaut man sich aber die Ausrüstung der Teilneh-ıerinnen und Teilnehmer an, spielt die Versor-ung mit Lebensmitteln doch eine ziemlich roße Rolle. Ganz davon abgesehen, dass je-er gerne etwas Gutes isst.

Du verhungerst natürlich nicht gleich, wenn u mal ein paar Tage kein Essen zu dir nimmst. m Gegenteil – du könntest bestimmt einen ∕lonat ohne Nahrung auskommen.

Mit etwas Glück findest du essbare Beeren ı ausreichender Menge *(Staffel 3)*. Die musst u aber auch erkennen. Denn nicht immer ibt es ausgiebige Briefings von Eingeborenen der Survival-Experten vor der Aussetzung. **/as also, wenn du nichts findest? Einfach asten?** Das wäre in den meisten Fällen schon ıöglich. Allerdings braucht richtige Arbeit auch guten Treibstoff. Und selbst wenn du genügend »Reserven« haben solltest: So einfach kommst du gar nicht an die Energie aus dem eigenen Speckmantel. Bis die Fettverbrennung mal wirklich angelaufen ist, hat man einige Tage mit **Energielosigkeit, Kreislaufproblemen, Müdigkeit und starkem Kälteempfinden** zu kämpfen. Der hungernde Körper arbeitet auf Sparflamme.

Isst du nichts, gibt es noch ein weiteres Problem. Du brauchst nämlich auch Vitamine und eine Menge von Mineralien. Vor allem die Salze verlierst du ständig und musst sie wieder nachfüllen.

Obwohl du also selbst nach Wochen des Fastens nicht einfach so verhungerst, kannst du ohne Nahrung schnell an dein körperliches Limit kommen: Du arbeitest nur noch im Schneckentempo und dir fehlen wichtige Nährstoffe. **Es drohen Erschöpfung und Kreislaufprobleme, bis hin zu kurzfristigen Ohnmachtsanfällen,** sogenannte Synkopen wie bei Gerrit, für den das der Abbruchgrund in *Staffel 3* war. In anderen Fällen wirst du zu schwach, um deine Notunterkunft richtig abzudichten, genügend Feuerholz zu sammeln, oder hast Schwierigkeiten beim Gleichgewicht und stolperst und brichst dir das Bein.

Nicht zuletzt will dein Kopf ohne Nahrung nicht mehr so arbeiten, wie er sollte. Entscheidungen fallen schwerer oder werden falsch oder überstürzt getroffen und du verlierst deine Motivation.

EINMAL MIT ALLEM

Am Tag braucht eine Frau bei viel Bewegung um die 10 000 kJ bzw. 2500 kcal (das entspricht 5 Tafeln Vollmilchschokolade) und ein Mann 12 500 kJ bzw. 3000 kcal (etwa 6 Schokoladentafeln). Wenn es wie in Neuseeland *(Staffel 4)* dauerhaft sehr kalt ist, kann der Verbrauch bei viel Bewegung sogar fast doppelt so hoch sein. In den Tropen beim Chillen in der Hängematte *(Staffel 2)* deutlich geringer. Es ist aber in jedem Fall extrem schwierig, an die Nahrungsmengen zu kommen. Vor allem, wenn eine Gruppe versorgt werden muss, braucht man auch eine ordentliche Menge Glück.

Also gilt: Man nimmt, was man einfach bekommen kann. Das sind Pflanzen, Kleintiere, Fisch und mit etwas Glück auch mal etwas Größeres. Stundenlange und kräftezehrende Jagdversuche lohnen sich allerdings nur in den seltensten Fällen.

PROFI-TIPP

Iss, so viel du bekommen kannst von so unterschiedlichen Quellen wie möglich – aber investiere nicht alle Energie und Zeit in den Nahrungserwerb.

Obwohl du dich meist auf eine bestimmte Pflanze als Grundnahrungsmittel konzentrierst, solltest du darauf achten, dich auf Dauer nicht nur davon zu ernähren. Das kann zu Durchfall und Bauchschmerzen führen. Also sammelst du von so vielen unterschiedlichen Früchten, Samen und Blättern, Krabbel-, Kriech- und sonstigem Getier. So bleibst du für die täglichen Herausforderungen gewappnet und bis zum Ende körperlich voll leistungsfähig.

Durch fehlendes Essen sackt bei Gerrit der Blutdruck ab. Er wird ohnmächtig und beide Naturensöhne müssen abbrechen.

Wurzeln, Blätter, Tiere – iss so abwechslungsreich wie möglich. Je mehr du kennst, desto einfacher ist das.

PROFI-TIPP

Du brauchst zum Überleben ein Grundnahrungsmittel in größeren Mengen, das »Staple«. Darüber hinaus nutzt du alles, was immer du finden kannst. Würmer, Beeren, Grillen – oder auch mal eine Hummel.

PFLANZEN

Pflanzen sind für die Notfallernährung ziemlich wichtig: Sie laufen nicht weg, können dich nicht beißen und übertragen keine Krankheiten. Allerdings kannst du dich beim Sammeln der falschen Pflanze vergiften. Bei manchen kann sogar schon der Milchsaft zu Verätzungen und Geschwüren auf der Haut führen.

Deshalb hungern die meisten Teilnehmenden lieber, als ein Risiko einzugehen. Das ist gut verständlich: **Pflanzen zu erkennen, ist in vielen Fällen nämlich echt kompliziert.** Besonders, wenn du dich damit noch nie beschäftigt hast, scheint es aussichtslos.

Dabei brauchst du gar kein Botanikstudium, um dich weltweit von Pflanzen zu ernähren. Für die allermeisten Fälle reichen bestimmte Pflanzen aus, die du auch zuhause sammeln kannst und selbst auf anderen Kontinenten sicher erkennen wirst.

7 PFLANZEN FÜR 7 VS.WILD

Für uns sind 7 Pflanzen besonders wichtig, die du praktisch immer findest und die einfach zu erkennen sind. Egal auf welchem Kontinent. Die Wahrscheinlichkeit, mindestens eine dieser Pflanzen zu finden, ist extrem hoch – damit hast du dein Grundnahrungsmittel.

Suche und sammle die hier vorgestellten Pflanzen regelmäßig bei dir vor der Haustüre, wann immer du sie findest. Damit prägen sich die wichtigen Merkmale ganz von allein ein und du wirst sie dann nach der Aussetzung einfach erkennen! Sehr viel mehr musst du erstmal nicht wissen.

1 – BRENNNESSEL

Die in Feldern wachsenden Pflanzen mit den sich gegenüberstehenden Blättern mit Zick-zack-Rand erkennst du sofort. Sie haben am Stängel und an den Blättern Brennhaare, die zwar ziemlich unangenehm, aber meist ungefährlich brennen. Wenn du die Pflanze fest mit den Handschuhen abstreifst, brechen die Nadeln ab. Manche Brennnesselarten in anderen Ländern stechen wirklich übel – im Zweifel also nur mit Handschuhen sammeln. Die Stängel sind übrigens eine wichtige Faserquelle für Leinen und Schnüre. Gegessen werden die Blätter, die man als Spinat verkocht, und die gerösteten Samen.

Worauf du achtest:

→ Die Blätter der Brennnesseln stehen sich jeweils gegenüber. Du kannst sie **mit Handschuhen sammeln** und kochen. Das neutralisiert das Gift und es brennt nicht im Mund.

→ Richtig viel **Energie haben die Samen**, die in Zöpfchen oder Kugeln zwischen Stängel und Blättern hängen. Sie schmecken geröstet richtig gut!

2 – FUCHSSCHWÄNZE

Fast überall findest du die Fuchsschwänze oder Amarante. Vor allem im harten Klima können sich die robusten Pflanzen halten. Sie haben an der Spitze einige grüne oder violette und ziemlich auffällige Zöpfchen mit längeren Borsten. Man erkennt Amarante auch gut am Geruch: Die Blätter riechen wie Blattspinat, die rötliche, essbare Wurzel eindeutig nach Futter- oder Runkelrübe. Gegessen werden alle weichen Pflanzenteile und Samen. Manche Arten wirken leicht abführend. Das ist in dem Fall kein Zeichen einer Vergiftung.

Worauf du achtest:

→ Die Blätter sind eiförmig und stehen unregelmäßig verteilt um den Stängel. Die **Fuchsschwanzblüte ist ein grünliches Zöpfchen**, das an der Spitze oder an den Blattstängeln steht.

→ Die Wurzeln der Fuchsschwänze sind oft fleischig und **enthalten Zucker**. Sie schmecken wie Runkelrüben vom Feld.

3 – LÖWENZAHN

Ja, Löwenzahn, die Pusteblume, die du von der Wiese hinter dem Haus kennst, ist eine der weltweit wichtigsten Pflanzen für dein Überleben. Wegen der in einem Kranz am Boden stehenden Blätter, die in ihrer Form an gezeichnete Tannenbäume erinnern, und dem Milchsaft im hohlen Stängel mit der buttergelben Blüte kannst du ihn auch kaum verwechseln. Alle Pflanzenteile sind roh essbar, aber bitter. Die weiße, dicke Wurzel von der Größe einer kleinen Karotte schmeckt gekocht ganz passabel und enthält Energie. Aus den Wurzeln kannst du auch einen einfachen Kaffeeersatz rösten *(Staffel 4)*.

Worauf du achtest:

→ Die gelbe Blüte und der Kranz von Blättern mit grobem Zickzack-Rand sind kaum verwechselbar. Löwenzahn erkennst du einfach und findest ihn wirklich **fast überall**.

→ Die Wurzeln von Löwenzahn sind dick und fleischig. **Roh sind sie ziemlich bitter.** Kochst du sie oder röstest sie in der Glut, schmecken sie schon erheblich besser.

4 – ROHRKOLBEN

Wenn es die eine Powerpflanze gibt, dann ist das der Rohrkolben. Die auffälligen Zigarrenblüten findest du am Wasser. Stößt du auf ein Rohrkolbenfeld, musst du dir um das Essen keine Sorgen mehr machen. Die fingerdicke, bleiche Wurzel ist mit Stärke gefüllt und schmeckt geröstet richtig gut. Außerdem sind die weißen Teile der schleimigen, dünnen und langen Blätter essbar. Sie schmecken nach Gurke. Auch der junge Kolben kann gegessen werden. Die Flughaare im Herbst sind exzellenter Zunder zum Entfachen einer Flamme. Wie alle Sumpfpflanzen ist der Rohrkolben vor dem Essen zu kochen.

Worauf du achtest:

→ Die **Blüten von Rohrkolben sind unverwechselbar**. Hast du ein Rohrkolbenfeld gefunden, musst du dir keine Gedanken mehr um die Nahrungsmittelversorgung machen.

→ Die Wurzeln von Rohrkolben sind innen mit Stärke gefüllt. Man wäscht sie und kocht oder röstet sie in der Glut. Sie schmecken super und **enthalten viel Energie**.

5 – ROSEN

Wusstest du, dass Schnittrosen von der Tankstelle zu derselben Pflanzengruppe gehören wie die Rosenhecken mit Hagebutten in Neuseeland? Sieh sie dir das nächste Mal ganz genau an. Denn Rosen gehören zu den wichtigsten Pflanzen in kälteren Regionen. Rosen sind Sträucher oder Schlingpflanzen mit verzweigten Blättchen und vielen Stacheln. Natürlich erkennst du auch die Rosenblüte. Neben den Blüten und jungen Blättern sind besonders die gekochten und reifen Früchte eine sehr wertvolle Nahrung im Notfall. Wenn du nur Samen findest, röste sie vor dem Essen.

Worauf du achtest:

→ Du wirst eine Rose bestimmt immer erkennen, wenn du sie siehst. Die **zahlreichen rötlichen Blütenblätter** sind in Kombination mit den Stacheln unverwechselbar.

→ Hagebutten erinnern an **kleine, sehr rote Äpfel**. Du findest sie im Herbst, selbst wenn alles andere schon lange kahlgefressen worden ist.

6 – WASSERLINSEN

Wasserlinsen oder Entengrütze sind kleine, auf dem Wasser treibende Blättchen. In miefigen Tümpeln findest du Millionen davon. Du musst sie nur abschöpfen. Im Herbst sinken die Blätter auf den Grund. Dort findet man dann ein schlammiges Gewirr aus welken Miniblättern und weißen Stärkewurzeln. Bevor du sie isst, müssen sie aber gut gespült und gekocht werden: An ihnen kleben Schnecken, Bakterien und Parasiten. Außerdem haben sie Nesselzellen, die durch das Kochen ungefährlich werden.

Worauf du achtest:

→ Entengrütze wächst **auf der Wasseroberfläche** von langsam fließenden Flüssen, Teichen und Tümpeln. Oft findest du buchstäblich Tonnen davon. Du kannst sie einfach sammeln.

→ Unter den Blättchen sind **bleiche Wurzeln**. Die nicht abtrennen, sie enthalten nämlich eine Menge der nahrhaften Stärke, die du von Kartoffeln kennst.

7 – WEGERICHE

Der Wegerich ist eine der Pflanzen, die du so häufig gesehen hast, dass er dir vermutlich gar nicht mehr auffällt. Es gibt weltweit rund 200 Arten. Sie haben fast alle dieselben Blütenknöpfchen und längliche Blätter mit den parallelen Leisten darauf. Die grünen Teile schmecken bitter, viel besser sind die Blüten und Samen. Sie schmecken leicht nussig und nach Champignon. Du kannst die Knöpfchen in großen Mengen sammeln und nach kräftigem Rösten zu einer Suppe verarbeiten.

Worauf du achtest:

- Blätter und Blüten der einheimischen Wegeriche sind einfach zu erkennen. Hast du dich an ihren Anblick gewöhnt, erkennst du auch die meisten der anderen **weltweit vorkommenden Arten**.
- Die **Samen enthalten Öle** und die **Samenschalen wirken als Ballaststoff** für eine geregelte Verdauung – nicht unwichtig, wenn du nur wenig Nahrung findest.

GEFAHR DURCH WINZLINGE

Wenn du dich schon mal mit dem Sammeln von Wildpflanzen beschäftigt hast, ist dir bestimmt die Frage nach dem Fuchsbandwurm gekommen. Interessanterweise war das bei den Teilnehmenden meiner Wildpflanzenseminare die größte Angst. Größer als die vor Vergiftungen oder dem Verhungern. Der kleine Fuchsbandwurm ist ein Parasit des Fuchses, der auch Menschen befallen kann. Im Gegensatz zum Fuchs lebt der Wurm aber nicht in unserem Darm, sondern setzt sich in der Leber fest, wo er schwere Schäden verursacht. Die Infektion von Füchsen ist gar nicht selten, die Übertragung auf den Menschen dagegen schon. Grund ist, dass man sich wahrscheinlich bei nahem Kontakt zu nicht entwurmten Hunden und Füchsen über eingeatmete Eier infiziert. Der Magen des Menschen ist für die Eier tödlich.

Die Wahrscheinlichkeit, dass du also durch roh gegessene Wildpflanzen Fuchsbandwurm bekommst, ist extrem gering. Dafür kannst du dir Spulwürmer und »normale« Bandwürmer einfangen.

PFLANZEN WELTWEIT

Spezialisten-Grünzeug: Neben den 7 Pflanzen für 7vs.Wild, die Du fast überall auf der Welt finden wirst, gibt es eine Reihe von essbarem Grünzeug, das sich nur in bestimmten klimatischen Regionen verbreitet hat, dort aber ziemlich zuverlässig wächst.

1 – PALMEN

Die Früchte praktisch aller »echten Palmen« kannst du essen. Es gibt unter den rund 3000 Arten nur wenige mäßig giftige Arten wie die Betelpalme. Ebenso kannst du im Notfall das Palmherz essen. Das ist der weiche Teil, den du ganz oben zwischen den noch grünen Wedeln findest. Unbekannte Palmenfrüchte am besten gut erhitzen. Vorsicht: Palmähnliche Pflanzen mit sehr starren Wedeln und »Zapfen« an der Spitze gehören zu einer anderen, giftigen Gruppe, den »Palmfarnen«!

2 – BANANEN

Ursprünglich kommen sie aus Asien. Manche von ihnen haben sehr bittere Beeren mit dicken Kernen statt der gelben, gebogenen Früchte. Du erkennst die Pflanzen am Fruchtstand und den auffälligen großen Blättern. Gekocht oder in der Glut gebacken sind sowohl die Früchte, Samen und Blüten als auch der weiche Stamm essbar. Der dicke Bereich zwischen Stamm und Wurzel ist außerdem mit Stärke gefüllt und kann klein gehackt ausgekocht werden.

3 – BAUMFARNE

In Australien und Neuseeland werden Baumfarne seit langer Zeit als Nahrung und Baumaterial genutzt. Es gibt sie aber auch in Süd ostasien, Afrika und auf dem Amerikanischen Kontinent. Die seltsamen Farne mit hohen, dunklen und haarigen Stämmen sind schon aus weiter Entfernung gut zu erkennen Die weiche Masse innerhalb der Stämme und die weichen Teile im oberen Zentrum sind gekocht essbar und enthalten viel Energie. Weil Baumfarne nur sehr langsam wachsen, fällt man sie aber nur, wenn wirklich nichts anderes verfügbar ist.

4 – KAKTEEN

Dick und sattgrün locken in trockenen Gebieten die flüssigkeitsgefüllten Blätter der Kakteen. Allerdings behindern viele durch dicke Polster bösartiger Stacheln ihre Ernte. Kakteen enthalten nicht nur Wasser, sondern oft auch nahrhaften Zucker. Mit einer Machete und viel Vorsicht kannst du diese Waffen abschaben oder den feinen Stachelhaarsaum an den süßen Früchten abflammen. Aber Achtung: Manche der Stacheln haben üble Widerhaken oder wirken wie Glaswolle und brechen zu Tausenden in der Haut ab. Während die Früchte aller Kakteen essbar sind, können die Stämme weniger Kaktusarten (Peyote und San Pedro) giftig sein. Gegliederte Kakteen gelten als unbedenklich. Wichtig: Echte Kakteen haben niemals weißen Milchsaft!

5 – NADELBÄUME

Das, was die Palme für die Karibik und der Kaktus für die Wüste sind, ist der Nadelbaum für die kalten Regionen der Erde. Dichte Nadelwälder bedecken die gesamte nördliche Halbkugel. Dabei sind zur Ernährung die Kieferngewächse besonders wichtig, da unter ihnen keine bekannt sind, die giftige Samen bilden. Diese, zum Beispiel Pinienkerne, enthalten viel nahrhaftes Öl. Das Harz aus dem Stamm sollte allerdings nicht gegessen werden. Achtung: Zur Ernährung sind ausschließlich Nadelbäume geeignet, die einen ganz klassischen Zapfen und normale Nadeln haben. Andere Kombinationen gehören zu Zypressengewächsen wie dem Red Cedar aus *Staffel 3* oder zu den Eiben und können tödlich giftig sein!

6 – BAMBUS UND SCHILF

In Asien und Südamerika gibt es viele, teilweise riesige Bambusarten. Weltweit gibt es ähnliche bambusartige Gräser bis hin zum Schilf am heimischen Baggersee. Genau genommen sind das alles große Gräser, die es sowohl in kalten Regionen als auch im tropischen Regenwald gibt. Von praktisch allen dieser Pflanzen können die frisch aus dem Boden wachsenden Spitzen wie Bambussprossen gegessen und die Wurzeln zerschlagen und ausgekocht werden. Weil manche Bambusarten Blausäureverbindungen enthalten, solltest du die Pflanzenteile vor dem Verzehr in der Glut rösten. Dabei zersetzt sich die Blausäure. Manche dieser Pflanzen enthalten außerdem eine geringe Menge des Psychedelikums DMT – eine Vergiftung ist aber unwahrscheinlich.

KRABBEL-FINGERFOOD

Beim Survival spielt Jagd natürlich immer eine große Rolle – zumindest in der Vorbereitung. Da sieht man sich in der Phantasie schon mit einem selbst gebauten Bogen auf Wildschweinjagd gehen. In der Praxis sieht die Sache dann aber komplett anders aus. Ohne genaues Wissen über die Wildtiere vor Ort, geeignete Ausrüstung und viel Glück ist das aktive Nachstellen auf größeres Wild in einer Survival-Situation nur selten erfolgreich, dabei aber sehr energie- und zeitaufwendig. Du musst buchstäblich zum richtigen Zeitpunkt an der richtigen Stelle sein. Das heißt bewegungslos warten, und zwar stundenlang. Und das, obwohl oft weiter an der Notunterkunft gebastelt oder Feuerholz für die Nacht gesägt werden sollte.

PROFI-TIPP

Die Jagd auf Großwild ist Glückssache und nimmt viel Zeit und Energie in Anspruch. Jagd auf Kleinsäuger spielt deshalb beim Survival erst eine Rolle, wenn deine Notunterkunft fertig ist und Trinkwasser, Grundnahrungsmittel sowie Feuer sichergestellt sind.

Das Essen von Kleingetier war bei *Staffel 1* eine Tagesaufgabe. Eigentlich gar nicht eklig.

Viel eher wirst du sowieso Kleingetier wie Würmer, Insekten und andere Krabbler finden können. Oft einfach so nebenbei, beim Ausgraben von Wurzeln, Sammeln von Beeren oder beim Zerkleinern von Brennholz. Diese Tiere sind eine willkommene Beilage für dein Grundnahrungsmittel, aber selten der Hauptgang.

LARVEN UND WÜRMER

Unter Steinen, in morschem Holz und weichem Waldboden stößt du auf eine Menge von Gewürm. Handelt es sich um weiße und hellbraune Tiere mit sichtbarem Kopf, sind es meist Fliegen- oder Käferlarven. Rot und geringelt sind Regenwürmer. Du findest fast alle an derselben Stelle. **Generell sollte alles Gewürm vor dem Verzehr erhitzt werden.** Sonst kannst du dir üble Parasiten und Krankheiten einfangen. Wenn dir das Kriechzeug zu eklig ist, kannst du es auch als Köder zum Angeln nutzen.

HEUSCHRECKEN UND KÄFER → S. 108

Weltweit sind Heuschrecken gefürchtete Schädlinge, die in riesigen Schwärmen auftauchen. Sie sind aber ein sehr leckerer Snack. Die meisten Heuschrecken sind essbar und schmecken zudem ausgezeichnet. Nur bunt eingefärbte Exemplare solltest du in Frieden lassen. **Doch Vorsicht: Größere Tiere können richtig böse zubeißen.** Anders sieht es bei Käfern aus. Hier gibt es wirklich giftige Arten. Bevor du einen Käfer verarbeitest, drückst du ihn ganz leicht am Boden fest – fängt er an zu riechen oder bilden sich Tröpfchen an den Beingelenken, lässt du ihn frei. Heuschrecken, Grillen und essbare Käfer werden auf die gleiche Art verarbeitet.

Larven und Würmer

1: Regenwürmer findest du in den oberen und feuchten Erdschichten. Oft auch unter Borke und Steinen. **2:** An derselben Stelle findest du auch die Nester von Ameisen. Die Eier und Larven der Tiere sind einfach zu sammeln.

3: Fette, essbare Käferlarven wie Engerlinge findest du in lockerer Erde oder in kleinen Höhlen unter morschem Holz und großen Steinen. **4:** Ebenfalls sind die meisten Bohrerlarven, die in noch lebenden Bäumen wohnen, essbar.

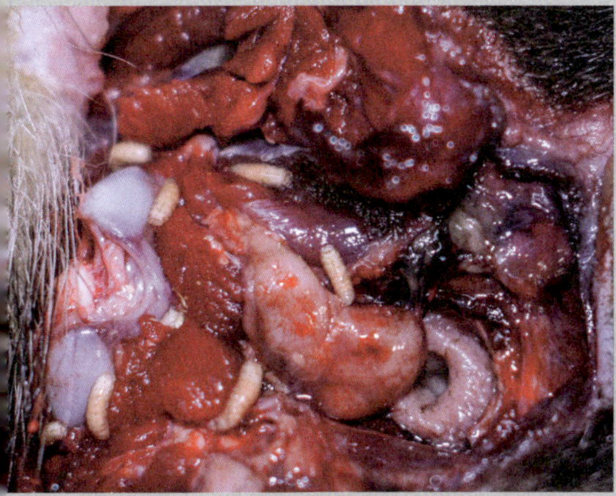

5: Fleischmaden und deren Eier findest du an Kadavern. Die können auch gegessen werden. Sie entwickeln sich extrem schnell. Lass sie sich verpuppen oder einen Tag hungern, bevor du sie isst. **6:** Larven, die seltsam riechen, auffällig gefärbt sind, an giftigen Pflanzen sitzen oder Borsten haben, solltest du nicht sammeln oder essen.

Heuschrecken und Käfer

1: Kleinere Heuschrecken sind oft gut getarnt. Du fängst sie mit der hohlen Hand. Dabei musst du wirklich schnell sein Es braucht teils ein wenig Zeit, bis du den Dreh raushast. **2:** Größere Exemplare musst du so greifen, dass sie dich nich zwicken können. Dazu hältst du sie an den eingeklappten Hinterbeinen und am Hinterleib.

3: Den Kopf eindrücken und um 180° drehen. Aus dem Tier ziehen. Dabei kommen meist Magen und Darm mit. Zudem di kleinen Beinhaken und beiden Flügelpaare entfernen. **4:** Bei Käfern verfährst du ebenso. Allerdings testest du vorhe ob das Tier Flüssigkeit abgibt. Die kann (wie bei diesem Ölkäfer) sehr stark giftig sein.

Spinnen

1: Spinnen, die in Netzen sitzen, sind meist einfach zu fangen, indem du sie mit einem Stock im Netz einwickeltst, auf de Boden presst und den Kopf mit dem Messer eindrückst. **2:** Pass bei behaarten Tieren auf – sie können die Haut reizen Geröstet und mit abgeflammten Haaren sind aber alle Spinnen essbar.

Schnecken

: Du findest oft viele Schnecken auf einmal. Sammle sie und bewahre Landschnecken mit etwas Grünzeug in einem bgedeckten Loch im Boden auf. **2:** Wasserschnecken füllst du in ein Netz oder ein Shirt, verschließt es und lagerst es n Wasser.

: Einzeln in kochendes Wasser geben und 5 Minuten kochen oder mit der Öffnung nach oben in der Glut grillen, bis sie icht mehr blubbern. **4:** Die Schnecke aus dem Gehäuse ziehen und direkt so essen. Das Grün-Braune am Ende der chnecke ist die Leber – sie enthält besonders viel Energie und kann mitgegessen werden.

URZE FRAGE:

ruppe oder Einzelkämpfer. Wenn du hättest ählen können, was hättest du gerne gehabt?

ine Wunschstaffel wäre einzeln oder naximal zu zweit. Große Gruppen brauchen infach extrem viele Ressourcen und Zeit. Das war aber auch die besondere Herausorderung für mich – Sologeschichten atte ich schon genug.

JOE

SPINNEN → S. 108

Viele Menschen haben Angst vor Spinnen. Die ist aber meist unbegründet. Selbst sehr giftige Arten beißen den Menschen nur dann, wenn man sie quetscht. Nur wenige tropische Spinnen kann man als wirklich aggressiv bezeichnen. Auch wenn kleinere Arten kaum in den Finger beißen können, solltest du **beim Sammeln Handschuhe tragen** und die gefangenen und getöteten Spinnen in einem geschlossenen Gefäß transportieren. Stark behaarte oder sehr schnelle Spinnen besser in Ruhe lassen.

SCHNECKEN → S. 109

Die wahrscheinlich langweiligste Jagd wird die auf Schnecken sein. Du kannst sie buchstäblich ohne jede Mühe einfach so absammeln. Sie beißen auch nicht und sind häufig an Land, an Teichen und Tümpeln sowie am Spülsaum des Meeres zu finden. Sofern du nur Schnecken mit Haus sammelst, wirst Du dich auch nicht vergiften. Süßwasserschnecken sind allerdings **oft Überträger gefährlicher Parasiten.** Die also keinesfalls roh essen. Salzwasserschnecken sind weniger problematisch.

SURVIVAL-KÜCHE

Viele Pflanzen sind gekocht bekömmlicher und praktisch alle tierischen Nahrungsbestandteile sollten komplett erhitzt werden. Machst du das nicht, kannst du krank werden.

Die gute Nachricht: Die meisten Keime sterben bei Hitze sehr schnell ab. Es reicht, wenn dein Essen 75 °C im Kern hat. Das ist einfach zu erkennen, Fisch und Fleisch verfärben sich grau. Solange noch etwas rosa oder rot ist (das gilt auch für das Innere von Knochen), ist die Hitze nicht ausreichend gewesen.

KOCHEN

Wenn du auf Nummer sicher gehen möchtest, ist das Abkochen im Wasser eine gute Methode. Dazu muss dein Essen eine gewisse Zeit im blubbernden Wasser bleiben, bis die Hitze bis in den Kern vorgedrungen ist. Der Vorteil ist dass Fett oder auslaufende Flüssigkeiten nicht verloren gehen, sondern mit dem Sud getrunken werden können. Durch Auskochen kommst du somit auch an das Fett und Eiweiß aus Knochen und Gräten sowie an Stärke aus stark holzigen Wurzeln und Knollen, die du kaum kauen könntest. Hast du keinen Topf, kannst du mit heißen Steinen kochen *(Staffel 3)*.

PROFI-TIPP

Die sicherste und einfachste Methode, mit dem Topf zu kochen, ist die Bushbox. Mit ihr kannst du die Hitze gut regulieren und das Risiko ist minimiert.

GRILLEN UND BACKEN

Grillen und Backen sind weniger sicher als Abkochen, da die Hitze der Glut viel höher ist und das Essen oft außen anbrennt, während es innen noch komplett roh ist. Beim Grillen also lieber eine niedrige Hitze wählen oder das Essen in dünne Stücke schneiden.

Gegrilltes schmeckt oft besser als Gekochtes. Du musst aber bedenken, dass beim Grillen eine Menge Fett verloren geht. Etwas besser ist das Backen in der Grube mit heißen Steinen, wenn dein Gericht in Blätter eingewickelt wird oder wenn du Tiere mit Haut und Schuppen in die Glut legst und im eigenen »Gefäß« vor sich hinschmurgeln lässt.

Kochen

1: Kochst du mit einem Topf direkt an der Feuerstelle, lege 3 faustgroße Steine (nicht 4, sonst wackelt es) im Kreis und stelle den Topf darauf. Kocht das Wasser, gib dein Essen dazu und entferne so viel Glut, dass das Wasser nur noch ruhig simmert. **2:** Schütze beim Herunternehmen vom Topf deine Hände mit Handschuhen oder einem Büschel Gras vor der Hitze.

Grillen und Backen

1: Grillen kannst du nur auf Glut, nicht auf der Flamme. Es soll nur so heiß sein, dass du die Hand eine Sekunde auf Höhe des Fleischs halten kannst. Größere Tiere auf einem Spieß fixieren und mit zwei Astgabeln über der Hitze platzieren. **2:** Außerdem kannst du einen Rost aus zeigefingerdicken Stäben bauen, die über die Randsteine gelegt werden.

3: Kleinere Teile kannst du direkt auf ein Hölzchen spießen und an der Feuerstelle schräg in den Boden stecken oder für einige Momente in die Glut halten. **4:** Schnecken, Muscheln, Fische, Krebse und kleine Reptilien kannst du komplett in die heiße Asche legen und darin backen.

SICHERHEIT

Immens wichtig ist bei jeder Staffel das Sicherheitskonzept. Dazu gehört nicht nur ein riesiges Netzwerk aus bis zu 20 InReaches (Satelliten-Notfallmelder), Satellitentelefonen und einer durchgehenden Überwachung der Notrufkanäle, sondern auch der Aufbau eines Sicherheitsnetzwerks aus Medics und Sicherheitspersonal, die im Verborgenen – aber jederzeit einsatzbereit – sind. Bei sehr abgelegenen Locations muss hierzu eine komplette Infrastruktur aus Wohnzelten, Catering, Transport- und Transfersystemen wie ATV, Booten und Helikoptern vorgehalten werden. Das Sicherheitssystem ist neben den Reisekosten der größte Kostenfaktor bei der Produktion einer Staffel.

Zu Land, zu Wasser oder aus der Luft ist jederzeit Kontakt zu den Teilnehmenden möglich.

Allzeit bereit: Nicht nur Rettungskräfte, sondern auch Kameraleute müssen Tag und Nacht abrufbar sein.

Stützpunkt: Die Sicherheit der Teilnehmenden steht an erster Stelle. Hierzu wird ein komplexes Sicherheitsnetzwerk erstellt.

DAS BRIEFING

Don't do stupid things. Mach keinen Blödsinn – **bring dich nicht unnötig in Gefahr!** Das ist eigentlich relativ selbsterklärend. Das Problem dabei ist: Oft bemerkst du gar nicht, dass du in Lebensgefahr schwebst, wenn du zum Beispiel an einem Baum mit morscher Krone rüttelst, in einer einsturzgefährdeten Höhle schläfst oder schmutzige Brühe aus einem stehenden Gewässer trinkst.

Manchmal ist es aber echt mit Ansage: Wenn du dich beim Klettern nicht richtig absicherst, in Richtung deiner Finger hackst oder nachts mit einem offenen Messer über den rutschigen Waldboden durch das Unterholz stolperst.

Viele Unfälle und Verletzungen entstehen aus fehlendem Risikobewusstsein und sind im Grunde vermeidbar.

Du darfst nie vergessen: Wenn du draußen bist, kann es einige Zeit dauern, bis du gerettet wirst. Das gilt auch für den heimischen Wald. Verletzt du dich dort, müssen Rettungskräfte nicht nur deinen Notruf erhalten, sondern dich auch finden und abtransportieren. Das kann auch in Mitteleuropa einige Stunden dauern.

Deshalb immer vorsichtig sein! Das Leben ist draußen schon gefährlich genug und du wirst dich ohnehin immer wieder mal verletzen oder krank werden.

Wir werden uns hier nicht die »Lebensrettenden Sofortmaßnahmen« anschauen – die lernst du im Erste-Hilfe-Kurs –, sondern Techniken zur Behandlung der häufigsten Schäden, Verletzungen und Krankheiten, die während deiner Challenge auftreten können.

Während der Briefings lernen die Teilnehmenden alles Überlebensnotwendige im Kurzdurchlauf.

S.T.O.P.

Viele Unfälle passieren aus Gewohnheit (man lehnt sich an Bäume, greift in Stämme oder in Höhlungen, weil man es im heimischen Wald auch so macht) oder Panik (mit einem Messer dem Wolf entgegenlaufen, wobei das Messer für dich gefährlicher ist als das Tier) oder aber ganz einfach: Nachlässigkeit.

Unbedachte Handlungen sind ohnehin durch Hunger, Kälte, eine ungewohnte Umgebung und Geräusche wahrscheinlich.

Um Panikreaktionen zu vermeiden, hilft dir das S.T.O.P.-System. Das steht für Stop, Think, Observe und Plan. Also: innehalten, nachdenken, beobachten, planen. Diese Vorgehensweise ist fast immer die richtige bei unerwarteten Situationen – egal, ob du dich nach dem Aussetzen plötzlich in einer Gruppe im neuseeländischen Gebirge wiederfindest, statt wie erhofft allein am tropisch warmen Strand, oder ob du dich im Dickicht verlaufen hast und deine Ausrüstung nicht wiederfindest. S.T.O.P. soll Panik, vorschnelle und unbedachte Handlungen vermeiden. Am besten setzt du es gezielt ein, indem du dir bei schwierigen Situationen Buchstabe für Buchstabe vornimmst.

Nach dem S.T.O.P.-System arbeitest du viele Herausforderungen ab. Vom ersten Tag nach deines Abenteuers bis zur Gefahr durch Tiere oder Verletzung und Krankheit.

ACHTUNG!
Die größten Gefahren entstehen im Notfall durch spontane Handlungen. Lieber eine Runde länger nachdenken.

Stop:
Erstmal hinsetzen und durchatmen. Frühe und falsche Entscheidungen sind fast immer schlechter als spätere, aber durchdachte.

Think:
Was ist genau passiert, wie problematisch ist die Situation, kann ich etwas dagegen machen, und wenn, was? Bevor das nicht klar ist, wird nichts gemacht.

Observe:
Ist die Gefahr ausgestanden oder kommt da noch was? Welche Hilfsmittel stehen dir unmittelbar zur Verfügung? Reality-Check: Woher kommen die Probleme, wo habe ich weitere Ressourcen, was sind meine Fertigkeiten?

Plan:
Mach dir eine Prioritätenliste und halte dich daran. Jetzt hast du noch einen klaren Kopf. Später kann vieles verwirrend werden. Geh an die Arbeit und sei dir sicher, dass du das durchstehen wirst!

IFAK

Wenn du draußen unterwegs bist und, vor allem, wenn du dabei gefährliche Werkzeuge wie Messer, Machete und Axt benutzt, brauchst du ein **anständiges Erste-Hilfe-Set**, um dich bei Verletzungen selbst behandeln oder zumindest stabilisieren zu können.

Die meisten Verletzungen sind glücklicherweise klein – oft genügen ein wenig Desinfektionsmittel und ein Pflaster. Es kann trotzdem sinnvoll sein, wenn später nochmal ein Medic draufschaut, zum Beispiel, wenn sich ein Stich entzündet, ein kleiner Schnitt nicht abheilt oder ein Fremdkörper aus dem Fuß entfernt werden muss.

Manchmal musst du aber auch sofort eingreifen, weil die Verletzung oder Erkrankung ohne unmittelbare Behandlung zu schweren Schäden oder in manchen Fällen sogar zum Tod führen würde. Das ist in aller Regel bei schweren Blutungen der Fall. Hier gibt es nur die Möglichkeit, das Leben zu erhalten und sofort Evakuierung anzufordern.

Bei alldem hilft dir dein **IFAK, das Individual First Aid Kit**. Es sollte eigentlich immer am Körper getragen werden. Ist das nicht möglich, packt man sich zumindest ein kleineres Sofortmaßnahmen-Kit mit dem Wichtigsten ein, das dann aber wirklich immer dabei ist. Was du genau in dein Medic-Kit packst, ist davon abhängig, was du genau vorhast.

Tourniquet: Abbinden starker Blutungen

Desinfektionsmittel: Gegen Wundinfektion

Spüllösung: Säubern verschmutzter Wunden

Autoinjektor mit Epinephrin: Bei schweren Allergien

Splitterpinzette: Entfernen eingedrungener Fremdkörper

Allergietabletten: Nach Gabe von Epinephrin

Kältekompresse: Bei Weichteilschäden und zur Lagerung von Amputaten

Erste-Hilfe-Set: Inhalt nach DIN13167

QuikClot: Mull mit Gerinnungsmittel für tiefe Wunden

Allzeit bereit: Das verplombte 7vs.Wild-IFAK soll außerhalb des Lagers jederzeit am Körper getragen werden. Die IFAKs sind mit Hilfsmitteln ausgerüstet, die nicht Bestandteil eines klassischen Verbandmaterials sind.

PRIORITÄTEN SETZEN

Geborgte Zeit: Auch wenn das Sicherheitsnetz von 7vs.Wild gut organisiert ist, liegt es an den Teilnehmenden, die größten Gefahren unmittelbar abzuwenden. *Ein Beitrag von Björn Schlotte*

Das Erste-Hilfe-Training findet immer im Rahmen der Briefings vor der Aussetzung statt. Hier lernen die Teilnehmenden, wie mit dem Verbandsmaterial im **IFAK – also dem Individual First Aid Kit –** umgegangen werden sollte und was die größten Risiken vor Ort sind. Die ausgegebenen IFAKs sind mit mehr als nur dem normalen Erste-Hilfe-Material einer gewöhnlichen Verbandstasche ausgestattet.

Zu diesen Utensilien gehören ein Autoinjektor mit Epinephrin sowie Tabletten gegen schwere allergische Reaktionen. Außerdem ein Tourniquet zum Abbinden von Gliedmaßen, eine Emergency-Bandage zum schnellen Selbstanlegen von Druckverbänden sowie QuikClot, Mull mit einem Mittel, das die natürliche Blutgerinnung beschleunigt. Das sind allesamt Verbandsmittel, die eigentlich **im militärischen oder professionellen Bereich** eingesetzt werden und wie alle Utensilien im IFAK ausgiebiges Training erfordern. Dazu reicht die Zeit in der Unterweisung natürlich nicht aus – alleine für das Thema »Blutstillung« gibt es mehrtägige Kurse.

Vorbereitet:
Björn Schlotte ist Notfallsanitäter und Ausbilder beim DRK und in den Staffeln 2, 3 und 4 mitverantwortlich für das Notfalltraining der Teilnehmenden.

Allerdings muss das Erste-Hilfe-Briefing niemanden zum Rettungsprofi machen. Die IFAKs, die bei 7vs.Wild ausgegeben werden, sind ohnehin nur für schwere Fälle konzipiert, welche ein sofortiges Handeln sowie die Notfallmeldung zur Evakuierung des Teilnehmenden erfordern. Also nur, um eine unmittelbare lebensbedrohliche Situation abzuwenden und dem Rettungsteam vor Ort minimal mehr Zeit zu verschaffen.

Meiner Erfahrung nach sind die häufigsten Zwischenfälle Hack- und Schnittverletzungen, Brüche und Schäden durch Stürze, Verbrennungen und Tierangriffe. Nicht zu vergessen sind auch Vergiftungen oder allergische Reaktionen, die sofort behandelt werden müssen.

Welche der zahlreichen möglichen Verletzungen oder Erkrankungen aber im jeweiligen Szenario besonders häufig sind, kann man gar nicht genau sagen. Sehr gefährlich sind starke Blutungen und eine Beteiligung des Kopfs, besonders, wenn der Verletzte sich nicht mehr selbst helfen kann. Draußen können aber auch kleine Läsionen unbehandelt nach einiger Zeit lebensbedrohlich werden. Ein anschauliches Beispiel dafür war der entzündete Splitter von Knossi in *Staffel 2*.

Jeder kann und sollte sich daher **auf medizinische Zwischenfälle vorbereiten, sein Notfallwissen ständig erweitern und festigen**, also beispielsweise das Anlegen von Tourniquets oder Druckverbänden ausgiebig üben. Und zwar an sich und an einem Partner.

Du kannst nämlich jederzeit und überall in eine Situation kommen, in der du oder andere Hilfe brauchen.

Foto: MalaraVan Thanabalasingam | www.vanfx.de

WICHTIGE BEHANDLUNGEN

Zack, eben waren die beiden Finger noch an der Hand, plötzlich liegt einer am Boden, der andere baumelt nur noch an dünnen Hautlappen und dir läuft das Blut über Hose und Schuhe. Was sich dramatisch anhört, ist nur einen Sekundenbruchteil der Ablenkung beim Hacken mit dem Messer entfernt. Solche Verletzungen sind nicht selten – und können übel enden. Draußen arbeitest du nicht nur mit gefährlichen Werkzeugen, sondern es dauert zusätzlich länger, bis Hilfe kommt. **Also solltest du die wichtigsten und häufigsten Verletzungen und Erkrankungen kennen und wissen, wie man im Notfall damit umgeht.** Hier also eine unvollständige Liste der wichtigsten und häufigsten Verletzungen und ihre Behandlung.

VERGIFTUNGEN

Vergiftungen kommen draußen häufig vor. Damit ist aber nicht nur gemeint, dass du eine Giftbeere gegessen hast. Zu Vergiftungen zählen auch Lebensmittelvergiftungen durch verdorbenes Fleisch oder schmutziges Wasser *(Staffel 2)*. Zusammengefasst: Du hast etwas

ACHTUNG!
Bei diesen Techniken handelt es sich um Notfallbehandlungen. Suche – wenn möglich – immer Hilfe bei einem Arzt.

m Magen und Darm, das dir nicht guttut. abei ist die Herkunft der Gifte nicht immer lar. Wenn du eine unbekannte Frucht oder inen vergammelten Fisch gegessen hast, st der Fall eindeutig.

Wenn du aber beispielsweise keine Toi-ettenhygiene eingehalten hast oder verkeim-es Wasser getrunken hast, merkst du Gifte rst, wenn es zu spät ist.

gal ob durch Giftpflanze, Wasser oder uschel: Die meisten Vergiftungen fühlen ich sehr ähnlich an. In der Reihenfolge es Auftretens sind sie:

1 Kratzen in Hals und Gaumen, Probleme beim Schlucken

2 Allgemeines Unwohlsein, seltsames Körpergefühl

3 Übelkeit, Bauchschmerzen, Krämpfe und Schwindel

4 Erbrechen und bzw. oder starker Durchfall

5 Muskelschmerzen, Mattheit, Fieber

6 **Bei starken Vergiftungen:** Schüttelfrost, Lähmungen, Schwindel und Bewusstlosigkeit

Weil du häufig die eigentliche Herkunft der Vergiftung nicht genau ausmachen kannst, behandelst du Vergiftungen immer gleich:

A) Kannst du Hilfe holen, setzt du dich auf den Boden, damit du nicht stürzt, und rufst den Krankenwagen und weist auf eine Vergiftung hin. Wenn du gesammelte Nahrung als Ursprung vermutest, hebe davon etwas auf. Kein Erbrechen selbst einleiten! Musst du dich übergeben oder wird dir schwindelig, versuche, dich mit dem Mund nach unten auf der Seite zu lagern, sodass du nichts davon einatmest – niemals auf den Rücken legen! Wirst du bewusstlos und übergibst dich, kannst du ersticken. Erbrochenes für den Arzt einpacken. Er kann möglicherweise den giftigen Bestandteil erkennen.

B) Bist du in abgelegener Region und kannst oder willst keine Hilfe in Anspruch nehmen, trink eine große Menge sauberes Wasser und stecke dir unmittelbar danach den Finger in den Hals. Das wiederholst du so lange, bis nur noch Wasser kommt. Wenn vorhanden, löse Kohlekompretten auf oder mische abgelöschte und klein gedrückte Holzkohle aus dem Lagerfeuer in Wasser und trinke das. Die Kohle kann Gifte festhalten und verhindert, dass sie in den Körper aufgenommen werden. Rechne mit etwa einem Gramm Kohle je Kilogramm Körpergewicht. Also einer vollen Hand Holzkohle – die nimmst du dreimal am Tag ein.

ZEITBOMBE

Zu den gefährlichsten Giften zählen nicht die stärksten, sondern diejenigen, die verzögert wirken. Dazu gehören Zellgifte aus Pilzen und Pflanzen – eine Vergiftung damit merkst du erst sehr spät – dann ist sie nicht mehr behandelbar.

WASSERHAUSHALT

Sehr häufig erkranken die Teilnehmenden nach der Aussetzung durch Wasser- und Mineralienmangel. Entweder trinkst du zu wenig – wie Hugo in Neuseeland und bist deshalb unterversorgt – oder zu viel und verbrauchst zu viele Mineralien. In beiden Fällen fühlst du dich krank und weißt nicht, warum.

In den vergangenen Staffeln litten die meisten Teilnehmenden an Mineralienmangel und nicht an zu wenig Trinkwasser. Man erkannte den Mangel daran, dass einige Teilnehmende in *Staffel 3* ständig salziges Gemüsebrühepulver naschten oder salzige Schnecken aßen und es ihnen danach erheblich besser ging.

Du isst nach der Aussetzung meist nur wenig und die Nahrung ist nicht sehr mineralienreich. Dafür trinkst du jeden Tag einige Liter Wasser, schwitzt und pinkelst sie wieder aus. Eine wichtige Info über den Wasserhaushalt gibt dir die Urinfarbe.

Wassermangel: Du gibst nur wenig, aber dunklen (bis blutroten) Urin ab, hast manchmal Bauch- und Nierenschmerzen, eine geringe Speichelproduktion, schlaffe Haut und starke Kopfschmerzen. Wenn du Haut am Handrücken hochziehst, bleibt die Falte von allein stehen. In dem Fall sofort sauberes Wasser trinken. Und zwar in kleinen Schlückchen.

Mineralienmangel: Er entsteht, wenn du zu viel trinkst, viel schwitzt, aber zu wenig isst. Der Harn ist transparent, wird aber auch zunehmend weniger, weshalb es mit Wassermangel verwechselt werden kann. Dein Gesicht wird »puffy« und rot, die Finger und Knöchel schwellen durch Wassereinlagerungen an. Wenn möglich, sauberes Süßwasser mit etwas Meerwasser mischen, bis es ordentlich salzig schmeckt (zum Beispiel 1 Teil Meerwasser auf 3 Teile Süßwasser).

Alternativ eine ordentliche Menge Asche aus dem Lagerfeuer in Wasser aufrühren, von den Feststoffen abtrennen und verdünnen *(Staffel 4)*. In kleinen Schlückchen trinken. Es ist normal, dass du nach der Aufnahme von Salz dann erstmal richtig viel pinkeln musst – es ist das Wasser, das der Körper durch den Salzmangel nicht ausscheiden konnte.

KURZE FRAGE:

Was hat sich nach deiner Wild-Card-Teilnahme bei 7vs.Wild für dich verändert?

Es hat »alles« verändert, weil ich dadurch die Möglichkeit hatte, einen meiner Lebensträume zu erfüllen. Dass daraus mehr entsteht und ich mit 26 Jahren schon fast alles abgehakt habe, war ein schöner Nebeneffekt.

JORIS

PROFI-TIPP

Denk immer daran, die Urinfarbe zu überprüfen. Ideal ist bei gesunden Menschen »Apfelsaft« (aber nicht naturtrüb, das wäre sehr ungesund).

UNTERKÜHLUNG

Unterkühlung gehört neben Dehydration zu den klassischen Outdoor-Mördern. Bei Aufenthalten in der Natur gibt es dafür verschiedene Gründe. Dein Körper hat oft zu wenig »Treibstoff« oder du bist dauerhaft den Elementen ausgesetzt und kannst dich nicht zwischendurch komplett aufwärmen und erholen.

Risikofaktoren für schnelle und starke Unterkühlung sind Stürze oder langes Stehen in kaltem Wasser, Schneeregen bzw. Temperaturen um den Gefrierpunkt (gefährlicher als sehr niedrige Temperaturen), Wind, der den Körper besonders effektiv auskühlt, sowie mangelnde Bodenisolation oder falsche Kleidung.

Es gibt mehrere Grade der Unterkühlung *(siehe Liste unten)*. Man kann sie nur bis zu einer bestimmten Stärke selbst behandeln.

VERBRENNUNGEN

Wenn du draußen kochen oder heizen willst, verwendest du praktisch immer eine offene Flamme. Kein Wunder, dass man sich da hin und wieder buchstäblich vergreift und sich eine kleine Brandblase holt, wenn man die noch heiße Bushbox anfasst oder einen zu heißen Stein zum Wärmen in den Schlafsack packt. Wirklich gefährlich sind großflächige Verbrennungen und Verbrühungen. Das passiert viel schneller, als man denkt. Da reicht

DIE 4 GRADE DER UNTERKÜHLUNG

Leichte Unterkühlung

Du frierst und zitterst, bist aber bei vollem Bewusstsein. Weil du noch genügend Energie hast, kann dein Körper noch Wärme erzeugen. Klassisches Kennzeichen ist, dass man sich über die Unannehmlichkeit ärgert und darüber gut »schimpfen« und die Situation selbst ändern kann. Auf Dauer wird die leichte Unterkühlung aber in eine stärkere Unterkühlung übergehen. Wird es bald wärmer (Sonnenaufgang), versuch, dich körperlich zu betätigen, lauf im Kreis, mach leichten Sport. Stopf deine Kleidung mit trockenem Laub aus, um die Isolation zu verbessern. Geh bei Pausen in die Hocke und mach dich so kugelförmig wie möglich.

Mäßige Unterkühlung

Dir geht es schon erheblich schlechter. Du frierst sehr stark und zitterst unkontrollierbar. Du kannst nicht mehr normal sprechen. Puls und Atmung sind beschleunigt. Deine Durchblutung in Armen und Beinen ist schon eingeschränkt: Drückst du eine Sekunde auf ein Nagelbett des Daumens, dauert es einige Sekunden, bis es wieder rosa ist. Dein Blut transportiert weniger Sauerstoff, seine Gerinnung ist heruntergesetzt. Du verlierst deine Gedanken regelmäßig. Jetzt musst du handeln: warme Getränke, Feuer entzünden oder Körperwärme von anderen. Alles über eine mäßige Unterkühlung hinaus muss in einem Krankenhaus behandelt werden.

Mittlere Unterkühlung

Dir ist alles egal. Du bist extrem erschöpft und dämmerst weg. *Also: sofort Roter Knopf!* Die Atmung wird flach, das Zittern hört langsam auf. Deine Arme und Beine werden nicht mehr mit Blut versorgt. Du wirst aus dieser Phase nicht mehr von allein aufwachen. Helfer können höchstens mit einer Wärmflasche oder warmen Steinen auf deiner Brust und einer dicken Schicht von Kleidern und Schlafsäcken versuchen, dich wieder aufzutauen. Flach lagern. Arme und Beine *dürfen nicht bewegt und keinesfalls gerieben werden* – sonst kommt das kalte Blut in den Körper und das kann zum sofortigen Tod führen. Hilfe holen!

Starke Unterkühlung

Sie entsteht besonders schnell nach einem Sturz ins kalte Wasser. Ohne schnelle Rettung von außen besteht kaum eine Chance. Kennzeichen sind tiefe, todesartige Bewusstlosigkeit, Atem- und/oder Kreislaufstillstand. Allerdings ist noch nicht alles verloren. Wie bei mittlerer Unterkühlung die Brust wärmen und isolieren. Nur flach lagern. Kann die Rettung gerufen werden, besteht durchaus die Chance auf Wiederbelebung – bei Erfrorenen gibt es oft einen Scheintod, aus dem der Patient wieder erweckt werden kann. Ärzte sagen deshalb: »Niemand ist tot, solange er nicht warm *und* tot ist.«

es, wenn du dir das kochende Wasser aus einem Topf über den Oberschenkel kippst.

Oft ist es auch bei 7vs.Wild wirklich knapp gewesen: Das Feuer von Fabio in seiner Höhle war schon deutlich über Wohlfühlgröße. Und dass es in Sekundenbruchteilen lebensgefährlich werden kann, wenn Brennmaterial unbeaufsichtigt in der Feuerstelle liegt, hat der (Flügel-)Brand in Neuseeland gezeigt.

Beim Survival arbeitest du ohnehin oft mit Feuer direkt an deiner Notunterkunft, die aus trockenem Laub, einem Tarp oder anderen brennbaren Materialien besteht. Deshalb: aufpassen!

Wie bei Unterkühlung gibt es auch bei Verbrennungen Klassen, die dir helfen, einzuschätzen, wie gefährlich die Verletzung ist *(siehe Liste unten)*. Dabei ist die Verbrennungsstärke und -fläche ausschlaggebend. Gefährlich ist, dass nach der Verbrennung ein wichtiger Teil der Haut zerstört ist (sie kann Wärme nicht mehr regulieren und verliert große Mengen Wasser). **Lebensgefährlich** gelten Verbrennungen ab dem 2. Grad (Blasenbildung), die 20 % der Körperfläche bedecken. Dabei zählst du Kopf und Arme als jeweils etwa 9 %, jedes Bein sowie je Rumpfseite etwa jeweils 18 %. Handflächen entsprechen 1 %.

Bist du schwer verbrannt, gibt es keine andere sichere Chance als eine Evakuierung und Behandlung in einem Spezialkrankenhaus.

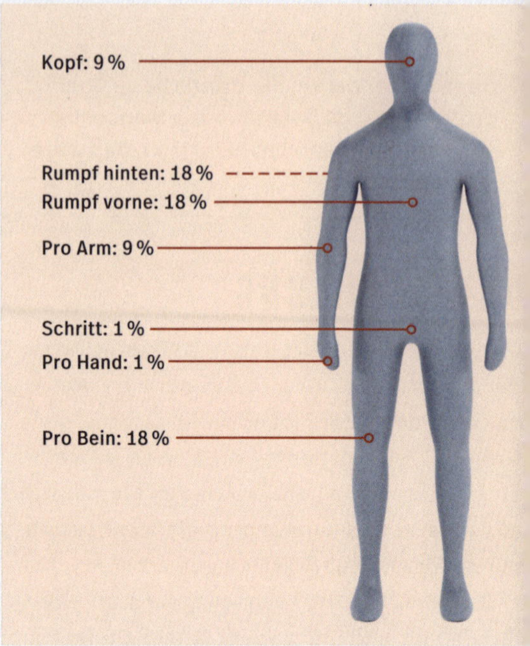

Du arbeitest bei Verbrennungen mit der 9er Regel. Generell gilt: Ab 10 % wird es gefährlich, ab 20 % lebensgefährlich. **Code Red!**

Bei kleineren oder schwächeren Verbrennungen gilt: so schnell wie möglich die Hitzequelle (durchtränkte Kleidung) entfernen und die Stelle kühlen. Blasen nicht öffnen. Bricht die Haut auf, steril abdecken.

Bis zur Ausheilung auf Infektionszeichen achten: Es droht eine lebensgefährliche Blutvergiftung.

Die erkennst du aber nicht an einem roten Streifen, sondern an Fieber, Schüttelfrost, Herzrasen und Mattheit. In diesem Fall sofortige Evakuierung!

DIE 4 GRADE DER VERBRENNUNGEN

1. Grad	2. Grad	3. Grad	4. Grad
Hautrötung durch heißen Wasserdampf oder sehr kurze Berührung eines heißen Steins. Schmerzen gehen nach wenigen Stunden zurück.	Blasenbildung nach Verbrühung oder einem Griff an glühenden Stahl oder heiße Steine. Verbrennungen 2. Grades schmerzen über mehrere Tage stark.	Schwarz-weiß verkohlte Haut nach Sturz in eine Feuerstelle, durch tropfendes Plastik oder brennende Kleidung.	Verbrennungen, die bis in die Muskeln oder sogar zum Knochen gehen, nachdem man zum Beispiel in einem brennenden Fahrzeug eingeschlossen war.

otunterkünfte sind meist brennbar – deshalb musst du mit Feuer sehr vorsichtig und diszipliniert umgehen. Sonst drohen chwerste Verletzungen.

LEINERE VERLETZUNGEN

licht nur Sascha, Knossi, Hugo, oder Joey – ehr viele mehr haben sich kleine, aber erstmal icht sehr gefährliche Schnitt-, Kratz- oder issverletzungen zugezogen. Einmal beim chnitzen nicht aufgepasst und schon fließt lut. Desinfizieren, Pflaster drauf und gut.

Mit entsprechendem Pech infiziert sich der chnitt und du musst dein Abenteuer abbrehen. Generell gilt: Kleine Wunden, die nicht ulsierend bluten, sind ungefährlich, können ber Schäden an Sehnen oder Gelenken veruracht haben. Das kannst du aber nur beim Arzt ontrollieren lassen.

PROFI-TIPP

Verschmutzte Wunden kannst du mit Urin ausspülen, wenn nichts anderes verfügbar ist. Dein Harn ist das sauberste, das du immer dabeihast.

Allerdings bringst du bei der Verletzung einigen **Schmutz in die Wunde, der wieder rausmuss**. Ein Teil davon wird schon durch das Bluten von alleine ausgeschwemmt. Hast du Wasserentkeimungsmittel mit Chlor, dosierst du es sechsfach und kannst damit die Wunde ausspülen. Und letztendlich hast du deine eigene Reinigungslösung immer bei dir. Du

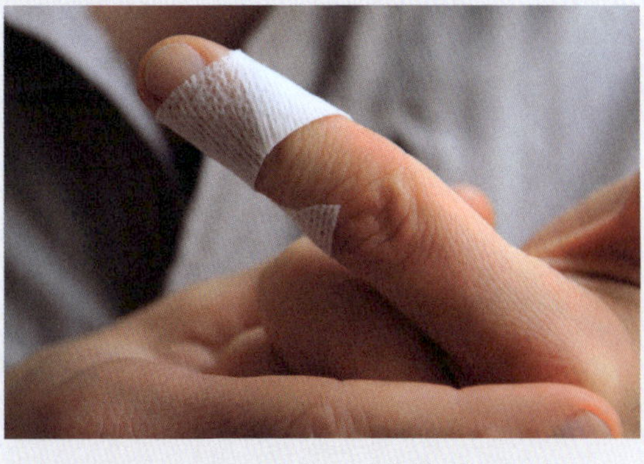

Kleinere Verletzungen entstehen ständig. Kannst du verhindern, dass sie sich infizieren, heilen sie meist ohne Probleme ab.

kannst mit Urin die Wunde ausspülen. Er ist fast steril. Lutsch die Wunde aber nicht ab – im Speichel hast du eine Menge Keime, die nichts in der Wunde zu suchen haben.

Danach verschließt du die Wunde so, dass die Hautränder aufeinandergepresst werden. Ideal sind Pflasterstrips, die du mit Spannung draufklebst, prinzipiell auch einfach Gaffer Tape. Achte aber darauf, dass die Wunde atmen kann, sonst droht eine Infektion.

Dein Tourniquet muss für den Einsatz sehr schnell greifbar sein. Deshalb kommt es nicht in das IFAK, sondern hängt mit Gummis fixiert außen daran.

STARKE BLUTUNGEN

Zu den gefährlichsten und häufigen Verletzungen gehören starke Blutungen. Adern und Arterien stehen unter Druck und scharfe Klingen können mühelos bis zu diesen lebenswichtigen Schläuchen durchdringen. **Anders als bei kleinen Verletzungen versiegen starke Blutungen nicht mehr von alleine.** Ein wichtiges Zeichen für die Gefährlichkeit einer Verletzung ist, dass das Blut in einem durchgängigen Schwall oder pulsierend aus der Wunde fließt oder spritzt. Typische Stellen sind die Oberschenkel und die Innenseiten der Unterarme, da sie bei der Arbeit besonders gefährdet sind. Allerdings können starke Blutungen an allen Körperteilen auftreten. Hier ist sofortige und richtige Behandlung absolut überlebenswichtig.

PROFI-TIPP

Bei sehr starken Blutungen ist das saubere Arbeiten völlig zweitrangig. Selbst wenn die Wunde beim Stoppen der Blutung verschmutzt wird, ist die Geschwindigkeit ausschlaggebend. Wer so schwer verletzt ist, muss ohnehin in ärztliche Betreuung, wo die Wunde gereinigt und Medikamente gegen die Infektion gegeben werden.

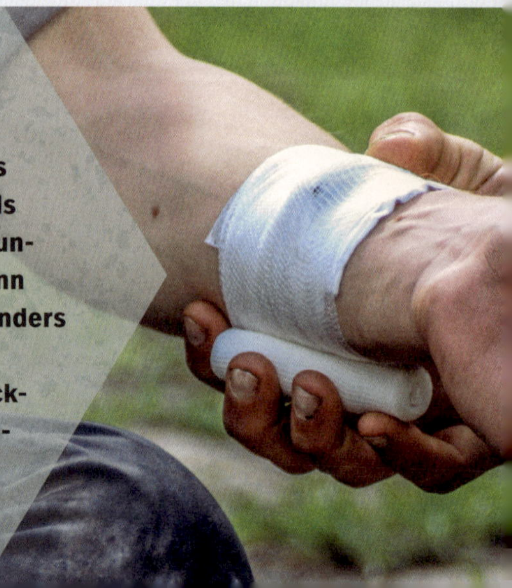

NUR IM EXTREMFALL

Das Anlegen eines Tourniquets oder das komplette Abschnüren eines Körperteils verursachen immer zusätzliche Verletzungen. Deshalb wird diese Technik nur dann durchgeführt, wenn die Blutung nicht anders rasch gestillt werden kann. Also offene Brüche, schwere Amputations- und Hackverletzungen. In anderen Fällen wird bevorzugt ein Druckverband genutzt.

ɛtarke Blutungen versorgen

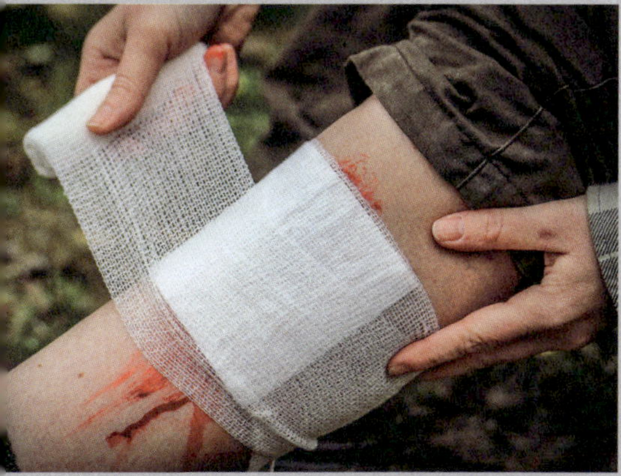

: Oberflächliche Wunden, die wenig bluten, werden gereinigt und möglichst steril abgedeckt. Einen Druckverband ɩtzt man nur bei starken Blutungen. **2:** Tief eingedrungene Fremdkörper wie beispielsweise Messer in der Wunde lasɜn und mit Mull stabilisieren.

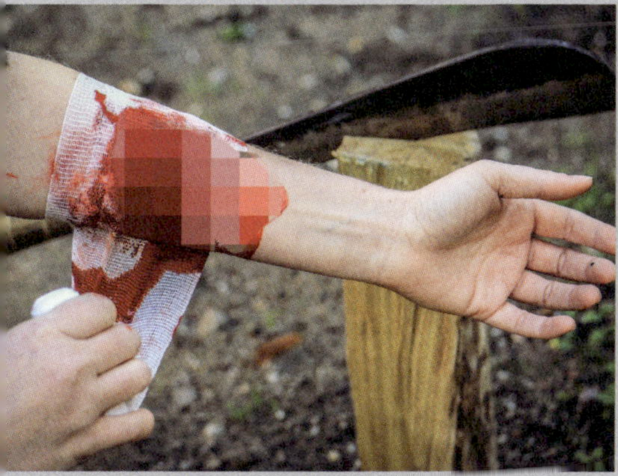

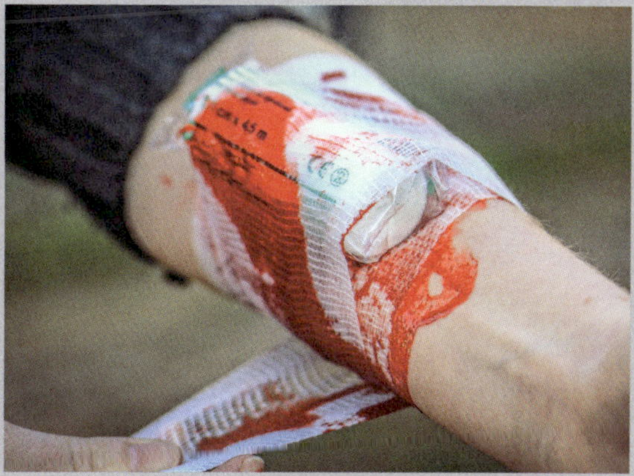

: Direkt auf der Verletzung einen Druckverband auflegen: Einige Windungen mit einer Mullbinde, dann über die Wunde nen Knebel (Feuerzeug, Verbandspäckchen) legen. **4:** Mit viel Zug weiter wickeln, bis die Blutung gestoppt ist oder ɪmindest nur noch sickert. Reicht das nicht, noch einen Verband darauflegen.

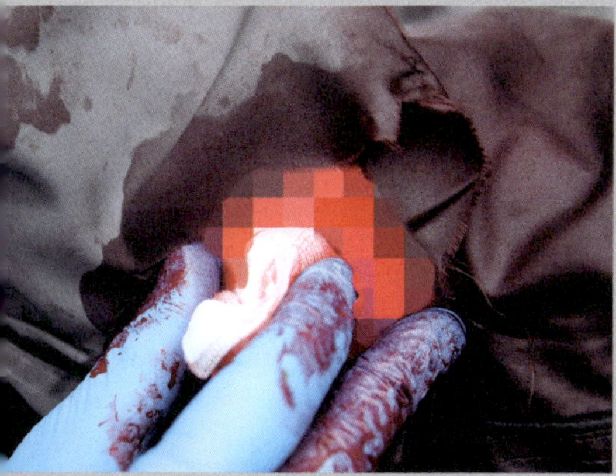

: Bei tiefen Löchern vor dem Auflegen des Druckverbands Mull bzw. QuikClot in die Wunde stopfen. Das begünstigt die erinnung in der Wunde. **6:** Bei sehr starken Blutungen ein Tourniquet (Gürtel, Seil) oberhalb der Wunde gelenknah festɪrren und durch Rotation zuknebeln, bis die Blutung versiegt.

AMPUTATIONEN

Ungewollte Amputationen gibt es öfter, als man denkt. Besonders bei Hackverletzungen trennst du dich schnell ungewollt von einem Daumen oder Zeigefinger. Allerdings sind die Körperteile damit noch nicht verloren.

Bei richtiger Lagerung können sie auch nach einigen Stunden noch gerettet werden. Allerdings kann nur in wenigen Fällen die volle Funktionalität wiederhergestellt werden. **Deshalb – am besten gar nicht erst verlieren!**

1. Körperteile, die noch an einem Hautstück hängen, nicht entfernen. Oft reichen minimale Blutmengen durch den Lappen zum Überleben des Gewebes aus.
2. Die Blutung bevorzugt behandeln. Allerdings nicht desinfizieren, sondern steril abdecken, gegebenenfalls einen Druckverband anlegen.
3. Abgetrennte Körperteile ebenfalls nicht reinigen oder desinfizieren, sondern so, wie sie sind, dick in Mull wickeln und mit einem Kühlpack in eine Tüte geben.

PROFI-TIPP

Abgetrennte Körperteile kühlen schnell aus. Deshalb nie direkt mit Eis oder Kühlpacks in Kontakt bringen, da sie sonst durchfrieren. Nutzt du Schnee oder Eis, füll zusätzlich Wasser dazu und pack das eingewickelte Körperteil wasserdicht ein (Kondom, Plastiktüte).

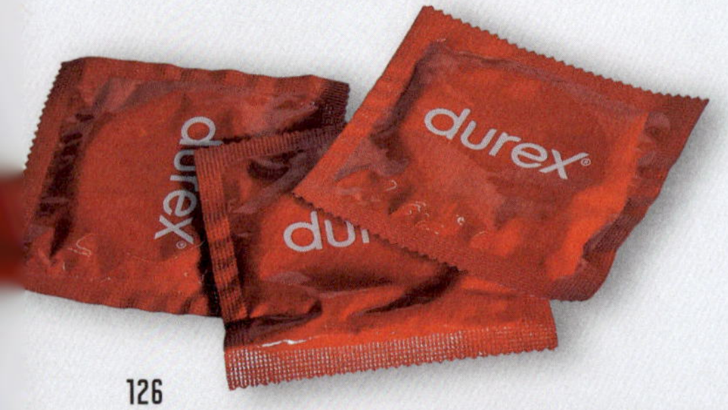

Dick eingewickelt in Mull, verpackt in eine Tüte oder ein Kondom und gut verschlossen in Wasser mit einem Kühlpack gelagert, kann man das Amputat einige Stunden später noch retten.

KREISLAUFPROBLEME

Wenn du erschöpft, untrainiert oder ausgehungert bist und morgens zu schnell aufstehst, legst du dich oft buchstäblich gleich wieder hin. Das »Blut« sackt dir weg, dein Hirn bekommt nicht mehr genügend Sauerstoff. du wirst kurz bewusstlos.

Neben Erschöpfung kann das auch bei Stress oder Panik geschehen. Diese kleinen Ohnmachtsanfälle sind häufig und in aller Regel völlig ungefährlich. Praktisch jeder Wildniswanderer kennt sie. Wichtig ist, den Blutdruckabfall früh zu erkennen (Rauschen in den Ohren, Tunnelblick, Schwindel) und sich sofort auf den Boden zu setzen.

Meist fängt der Kreislauf sich wieder und nach einer Gerrit-Gedenkminute kann man wieder aufstehen und weitermachen. Setzt man sich aber nicht ab, drohen Stürze und entsprechende Verletzungen. Kollabiert eine Person mehrfach unmittelbar hintereinander, sollte sie gegen Schock behandelt und bei ausbleibender Besserung die Rettung eingeleitet werden. Das ist vor allem dann notwendig, wenn die Kreislaufprobleme nach einer Verletzung wie einem Sturz auftreten. In diesem Fall können eine **Hirnverletzung oder eine unerkannte innere Blutung** Ursache sein. Beides Verletzungen, die nur von Spezialisten behandelt werden können.

1. Schocklage einnehmen, wie man sie auch nach starken Blutungen oder allergischen Reaktionen nutzt: Kopf tief, Beine hoch.
2. Gegebenenfalls mit Rettungsdecke oder Kleidung isolieren. Bei niedrigem Blutdruck friert man schnell.
3. Nur wenn sich der Zustand verbessert: etwas trinken und leichte Nahrung zu sich nehmen. Manchmal hat man schlicht zu wenig im Körper.
4. Bei dauerhafter Ohnmacht bleibt der Kranke nicht allein. Rettung alarmieren und Puls und Atmung ständig kontrollieren.

Mit dem Kopf nach unten wird der ansprechbare Patient abgelegt und gegen Auskühlung geschützt. Bei dauernder Bewusstlosigkeit: Seitenlage!

Nach einem Schlag auf den Kopf können durch Hirnschäden scheinbare Kreislaufprobleme auftreten. Unbedingt vom Arzt abklären lassen!

NOTFÄLLE

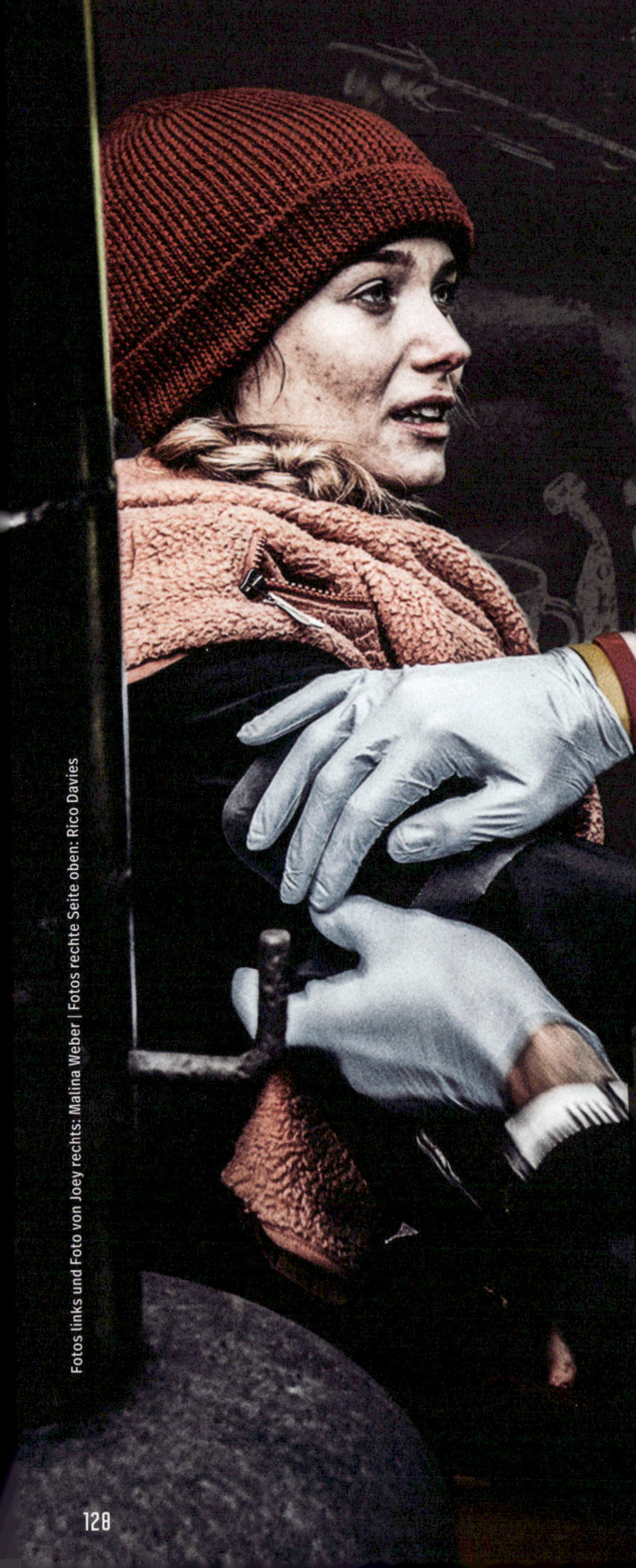

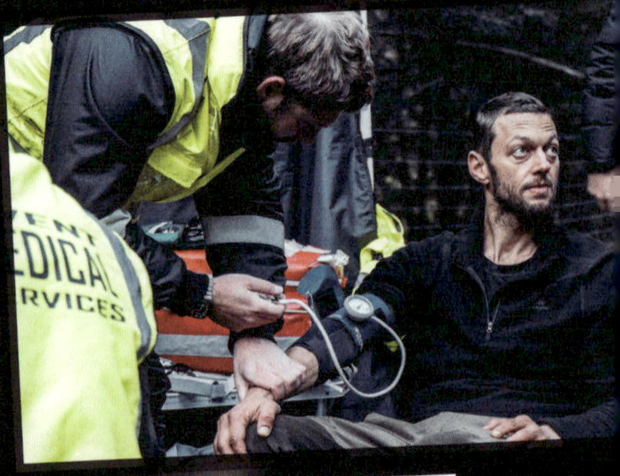

Untersuchung nach 14 Tagen in der Kälte Neuseelands: Alle sind gesund und bei Kräften.

Fotos links und Foto von Joey rechts: Malina Weber | Fotos rechte Seite oben: Rico Davies

Hilfe zur Selbsthilfe – in schweren Fällen müssen sich die Teilnehmenden selbst erstversorgen können.

Wo gehobelt wird, da fallen Späne – und wenn Teilnehmende mit Macheten, Äxten und großen Messern hantieren und sich in der Wildnis bewegen, sind Verletzungen nicht unwahrscheinlich. Neben der Nofallmeldungs- und Evakuierungsinfrastruktur wurden die Teilnehmenden in einem Medizin-Briefing für die Aussetzung fit gemacht.

Dennoch gab es diverse Krankheiten und Verletzungen. Neben zahlreichen Schnittwunden und eingetretenen Dornen, von denen ein Splitter bei Knossi nach der Abholung entfernt werden musste, gab es Kreislauferkrankungen (u. a. Gerrit), eine Kopfplatzwunde (Niklas), Magen-Darm-Infekte (Dave, Sascha, Sabrina), Harnwegsinfekt (Sandra), Dehydration (Hugo).

Über alle Staffeln hinweg gab es nur einmal den Code Red bei Hugo mit unmittelbarer Notfallversorgung und stationärer Behandlung. Die heftigste Verletzung während der Dreharbeiten war übrigens ein Schnitt durch eine Machete in die Hand von Johannes Hovekamp – im Orga-Lager während *Staffel 2*. Der tiefe Schnitt musste genäht werden.

KÖRPER-HYGIENE

Es ist draußen kaum möglich, die normale Wasch- und Toilettenroutine aufrechtzuerhalten. Das muss nicht, kann aber zu Problemen führen. Um Entzündungen, Wunden und übermäßigem Geruch vorzubeugen, solltest du dich möglichst nicht nur nach dem Spatengang, sondern generell einmal am Tag komplett waschen.

> **PROFI-TIPP**
> Hast du Seife zur Verfügung, nutze sie nicht im Gewässer, sondern über festem Boden, da sie die Wasserorganismen schädigen kann.

Wenn es zu kalt ist, dann zumindest zwischen Bauchnabel und Knie. Und zwar sehr gründlich in allen Kanten, Ecken und Falten. Ist es sehr kalt, nutze einen feuchten Lappen, mit dem du dich im halb angezogenen Zustand abreiben kannst. Zwischendurch auswaschen nicht vergessen.

Vichtiger als die Ganzkörperwäsche, auf die ;o mancher auch mehr als 14 Tage verzichten ;ann, ist die **Handhygiene** – denn sie führt zu len meisten Problemen.

Du nutzt deine Hände ständig, ohne sie re- ;elmäßig waschen zu können. Das führt dazu, lass gefährliche Keime beim Essen übertragen verden oder du dir ins Gesicht fasst und so 3akterien in Mund, Nase oder Augen bekommst. \chte also darauf, dass du die Finger sorgfältig einigst, wenn du vom Spatengang kommst, ;eschlachtet hast oder sonstige »schmutzige« 'ätigkeiten verrichtet hast. Beim Händewa- chen ist es ideal, wenn du ein Feuer oder so- ;ar heißes Wasser zur Verfügung hast.

1 Hast du nur ein Gewässer, nimm **Schlamm und feuchten Sand**, reibe deine Hände damit komplett ein und scheuer sie damit kräftig.

2 Danach **klar abwaschen,** bis die Haut komplett klar ist. Wiederhole den Vorgang mindestens zweimal.

3 Ist Feuer verfügbar, nutze die **weiße Asche**, schlämme sie mit Wasser ein und nutze sie als Seife. Sie ist stark basisch und tötet viele Keime ab.

4 Vergiss nicht, auch **unter den Fingernägeln** zu reinigen. Nutze dazu ein Holzstückchen oder eine einfache Bürste aus ausgerissenem Stroh.

5 Nach dem nochmaligen Abspülen gehst Du an das Lagerfeuer und machst **in gerade noch aushaltbarer Hitze** Bewegungen zum Handtrocknen.

ıch Selfcare ist ein wichtiger Teil der ;giene. Dabei geht es nicht nur darum, ch sauber zu halten, man fühlt sich auch ıchstäblich besser in seiner Haut.

Eine Latrine ist schnell gebaut und verhindert, dass du oder andere sich mit gefährlichen Keimen infizieren.

SPATENGANG

Die allermeisten können selbstständig aufs Klo gehen und kennen die wichtigsten Regeln. Du solltest dir in einiger Entfernung zum Camp, am besten etwas **hangabwärts eine Stelle suchen**, die du für den Spatengang nutzt. Setz dich nicht unmittelbar in oder an das Lager und auch nicht flussaufwärts an deine Wasserquelle oder gar direkt an die Wasserentnahmestelle.

1 Scharre ein rechteckiges Loch von etwa 30 mal 40 Zentimeter Größe und 30 Zentimeter Tiefe. Damit ist deine Latrine gebaut.

2 In Gruppen kann man auch Latrinenflächen zur freien Nutzung abstecken. Die verwendeten Stellen deutlich markieren.

3 Als Toilettenpapier kannst du großes Laub nutzen. Allerdings ist es, selbst wenn es filzig ist, nicht so saugfähig wie normales Toilettenpapier.

4 Für eine richtige Reinigung solltest du deinen Hintern flussabwärts aller Nutzstellen in den Bach hängen und abspülen. So ein Outdoor-Bidet ist in vielen Kulturen gängig und dem Papier in Hygiene deutlich überlegen.

MONATSHGIENE

Ganz normal: Seit *Staffel 2* sind auch Frauen Teilnehmende bei 7vs.Wild. »Monatshygiene« ist dabei natürlich ein wichtiges Thema. Für viele junge Frauen ist der fehlende offene Umgang damit leider ein Grund dafür, sich nicht auf Outdoor-Challenges einzulassen. *Ein Beitrag von Ann-Kathrin Bendixen (Affe auf Bike)*

Ich habe viele Fragen von jungen Frauen zur Menstruation auf Reisen bekommen. Das Thema verunsichert viele, weil man nicht so offen darüber spricht. Dabei ist das auf Reisen eines der größten Probleme einer Frau. Wenn man minimalistisch unterwegs ist, können die klassischen Situationen wirklich kleine Herausforderungen sein.

Jede Frau kennt das beispielsweise: Du wachst morgens im Zelt auf und hast nachts unerwartet deine Tage bekommen und alles vollgeblutet. Dass so etwas passieren kann, aber nicht schlimm ist, liest man nirgendwo – weil es eben immer noch ein großes Tabu darstellt.

Die »Tage« stellen immer noch ein großes Tabu dar.

Das war bei mir früher nicht anders, **auch ich habe mich geschämt, darüber zu reden.** Erst mit der Zeit habe ich gelernt, offen mit diesem wichtigen Thema umzugehen.

Natürlich spielen die Tage auf meinen Reisen wie bei den meisten anderen Frauen eine große Rolle. Da ich ständig unterwegs bin und durch Zeitumstellung, Ernährungsumstellung und Aktivität wirklich zu jeder Zeit und völlig unerwartet meine Tage bekomme, plane ich gar nicht erst um die Menstruationstermine herum. Das würde natürlich sehr einschränken.

Ich habe allerdings glücklicherweise auch nicht mit heftigen Krämpfen oder Schmerzen zu kämpfen – Frauen, die darunter leiden, sollten natürlich auch an ihre **Medikamente** denken. Bei sehr starken Schmerzen würde ich ein Projekt tatsächlich um die Tage herum planen.

Weil meine Menstruation wie gesagt oft unerwartet kommt, bin ich eigentlich immer darauf vorbereitet. Ich habe da echt schon viel ausprobiert. Zum Beispiel **Menstruationstassen**, die zwar gut funktionieren, wenn man mit dem Camper unterwegs ist, und die man regelmäßig auskochen kann. Mit dem Motorrad und dem winzigen Gaskocher ist das dann aber doch nicht ganz so einfach. Da bekommst du die blutige Tasse nicht richtig sauber und das kann dann wirklich widerlich sein. Meine Empfehlung auf Reisen mit kleinem Gepäck ist deshalb, ganz old-schoolmäßig immer **Tampons** dabeizuhaben und Tütchen, in die du die in Papier eingewickelten Tampons wieder mitnehmen und in der Zivilisation im Müll entsorgen kannst. In der Natur haben die nichts zu suchen, sie verrotten nämlich nicht.

Generell habe ich dünne **Slipeinlagen** für jeden Tag dabei, die auch nicht unbedingt viel aufsaugen müssen, aber die Unterhose vom normalen Ausfluss sauber halten. Anders als bei Männern ist das nämlich nicht so geil, wenn man gerade mal nicht waschen kann und du dann drei, vier Tage das gleiche Höschen tragen musst. Außerdem: immer eine **zusätzliche Unterhose als Ersatz** mitnehmen. Es wird immer mal passieren, dass du eine durchblutest und nicht mehr richtig sauber bekommst.

Alles halb so wild!

Wer wäre besser in der Lage, Tipps zum Thema »Menstruation« unterwegs zu geben, als die Dauerreisende und ehemalige Teilnehmerin Ann-Kathrin, die gemeinsam mit Hannah in Staffel 3 mit dem Thema »Monatshygiene« sehr offen umging.

Bei der Unterwäsche wähle ich bewusst **Baumwolle** – die gibt es mittlerweile in jeder Farbe und Form –, weil sie ein besseres Klima hat und dadurch Infektionen vorbeugen kann. Was auch nicht fehlen darf sind **Feuchttücher**, die helfen, dich zu säubern, wenn du mal kein brauchbares Wasser hast.

Zum normalen Waschen und zum Reinigen der Unterwäsche nutze ich eine biologisch abbaubare **pH-neutrale Seife**. Alles also halb so wild.

Wichtig ist: Geh offen damit um. Ich habe vor allem nach meiner Teilnahme bei 7vs. Wild so viele Zuschriften junger Mädels bekommen, die früher Sorge hatten, wegen der Tage auf Reisen zu gehen, und ich finde es toll und wichtig, dass man ihnen relativ einfach die Angst nehmen kann.

Man muss ein paar kleine Dinge beachten, aber es ist machbar und die natürlichen Vorgänge der Frau stehen deiner Reise in den allermeisten Fällen nicht im Weg!

1. Kleine Müllbeutelchen
2. Ersatzunterhose aus Baumwolle
3. Stück Seife
4. Tampons
5. Dünne Slipeinlagen
6. Feuchte Reinigungstücher

GRUPPEN-DYNAMIK

In allen Staffeln 7vs.Wild haben gruppendynamische Vorgänge eine große Rolle gespielt. In *Staffel 1* und *2* waren die Teilnehmenden zwar einzeln ausgesetzt, aber die Gruppe war trotzdem ein Motivationsfaktor (»Was machen wohl gerade die anderen, die im selben Unwetter sitzen?«, »Das wird eine Freude, wenn wir es alle durchgestanden haben«). In *Staffel 3*, der Teams-Edition, wurden Teilnehmende als Zweierteams gemeinsam ausgesetzt. Dadurch wurde das Gefühl der Einsamkeit vermieden.Teilnehmende können sich abhängig von der »Chemie« gegenseitig motivieren oder bei schwieriger Konstellation auch demotivieren.

In *Staffel 4* wurden die 7 Teilnehmende alle zusammen ausgesetzt. **Bei größeren Gruppen wird manches unvorhersehbar.** Vor allem, wenn sehr unterschiedlich erfahrene Teilnehmer und Charaktere aufeinandertreffen.

Manche Faktoren wirken sich positiv aus:

- Mit Gruppen und Extremsituationen erfahrene Führungspersonen
- Realistisch erreichbare Zwischenziele und Ziele
- Gefestigte und stabile Persönlichkeiten in der Gruppe
- Offene und ehrliche Kommunikation auch in Konflikten
- Eine allgemein positive Einstellung zum Vorhaben
- Gemeinsame Motivation bei Aufgaben und Problemen

PROFI-TIPP

Bevor du mit Unbekannten länger verreist, mache ein paar Testtouren mit ihnen.

Es gibt aber auch Faktoren, die in der Gruppe zu großen Problemen führen können:

- Sehr unerfahrene Teilnehmende, die engmaschig »betreut« werden müssen
- Überfordernde, abstrakte oder unrealistische Ziele
- Personen, die sich aktiv von der Gruppe abspalten
- »Rambos« und Einzelgänger
- Teilnehmende, die in ihrer eigenen Welt zu sein scheinen
- Unklare Kommunikation, die Missverständnisse erzeugt
- Komplett »zusammengewürfelte« Gruppen

Bei größeren Gruppen sollten folgende Regeln deshalb immer beachtet werden:

- Der technisch Stärkste und Erfahrenste leitet – mit Augenmaß und Rücksicht.
- Schwache Personen werden nicht abgesondert, sondern bestimmen die »Geschwindigkeit«.
- Allgemeine Entscheidungen werden diskutiert und zur Wahl gestellt.
- Sehr wichtige Entscheidungen werden vom Erfahrensten entschieden und erklärt.

Es gibt einige Regeln, die innerhalb der Gruppe beachtet werden sollten:

- Arbeite für die Gruppe, bevor du für dich selbst arbeitest.
- Kommuniziere, was du vorhast, und akzep-tiere, wenn dein Vorschlag abgelehnt wird.
- Melde dich ab, wenn du dich von der Gruppe entfernst.
- Informiere die anderen, wohin du gehst, wie lange du weg bist und welche Ausrüstung du mitnimmst.

Intensive gemeinsame Erlebnisse können belasten oder zusammenschweißen. Ein Zweierteam ist eine gruppendynamisch wünschenswerte Konstellation.

Gemeinsame regelmäßige Rituale, Gespräche oder Tätigkeiten schweißen die Gruppe zusammen. Das können ein Motivationsschrei, Lagerfeuergespräche oder gemeinsames Holzsägen sein.

Zu guter Letzt:
Ihr seid als Gruppe in aller Regel nicht gezwungen zusammenzubleiben. Wenn es verschiedene Ideen und Herangehensweisen gibt, die nicht zueinander passen, dann kann sich die Gruppe auch zeitweise aufteilen.

TEIL 3

AUSGESETZT

Workshops zu den wichtigsten Survival-Skills aus 4 Staffeln 7vs.Wild

REALITY-CHECK

Du dachtest dir: »Einfach mal was Schönes machen! Raus in die Natur gehen, sich ohne Handy und Internet endlich mal sprichwörtlich treiben lassen, eine Hütte bauen, ein paar Wurzeln zum Essen sammeln und Kräuter für den Tee. Abends dann einfach nur am Feuer sitzen und in der Nacht beim Ruf der Waldohreule in einer Notunterkunft einen tiefen Schlaf finden.« Das hörte sich nach einem guten Plan an.

Jetzt schützt du dich unter einem umgefallenen Baum vor dem bereits seit zwei Stunden dauernden Platzregen. Dir ist kalt, dein Magen knurrt. Von der Bemühung, Feuer zu machen, ist nur ein nasses Häufchen Reisig in einer Pfütze übrig geblieben. In deiner teuren Jacke ist es klamm geworden und deine Hände schwellen durch die zahlreichen winzigen Stacheln an, die du dir beim ungewollten Griff in die Kratzbeeren zugezogen hast. Vom Versuch, Schlaf zu finden, hält dich sehr erfolgreich eine einzelne Stechmücke ab, die dich in unregelmäßigen Abständen besucht. Bei den ersten Sonnenstrahlen schleppst du dich mit steifen Gliedern aus der Dickung. Erstmal einen Kaffee und ein Croissant beim nächsten Bäcker, daheim heiß duschen und Schlaf nachholen.

Ein Misserfolg auf ganzer Linie? Mitnichten! **Du fühlst dich lebendig, hast Erfahrungen gesammelt, an die du dich noch lange erinnern wirst.** Vor allem lernst du auch, zu verstehen, was Survival und damit auch 7vs.Wild für die Teilnehmenden so anspruchsvoll macht.

Draußen wirst du mit zahlreichen Problemen und Aufgaben konfrontiert, deren Lösungswege und Reihenfolge genauso einzigartig sind wie die Situation, deine Erfahrung und vorhandenen Ressourcen und Fertigkeiten. Du musst draußen nicht nur entscheiden, was jetzt gerade wirklich wichtig ist, sondern auch abschätzen, wie viel Zeit die Technik jeweils in Anspruch nimmt, ob deine Mittel und deine Erfahrung ausreichen, um die Technik erfolgreich durchzuführen.

Warum hat er denn nicht?! Wer Stunden im strömenden Regen steht, reagiert anders als jemand, der im Warmen sitzt.

)aran erkennt man den Unterschied zwischen 'einem Bushcraft – also dem Durchführen ınterschiedlicher Techniken ohne entsprechende Erfordernis – und dem Survival, bei lem die Ökonomie von Kraft, Aufmerksamkeit ınd Energie eine viel größere Rolle spielt.

\llerdings wird man als Teilnehmender von 'vs.Wild in ein interessantes Spannungsfeld ;eworfen:

Einerseits handelt es sich um ein mittelfristiges Survival-Projekt von 7 bzw. 14 Tagen .änge. Du musst also abschätzen, ob es energetisch nun wirklich Sinn macht, mit einer priınitiven Technik Feuer zu entzünden oder mit ›feil und Bogen auf der Suche nach dem Hirsch ›ei Minusgraden durch den Bergwald zu hüpen. Auch wenn absehbar ist, dass es entweder ıicht notwendig ist oder aber mit hoher Vahrscheinlichkeit nicht zum Erfolg führen vird, sondern nur Energie und Zeit kostet.)iese Energie beispielsweise ins Feuerholzammeln, Wasserorganisieren und dem Wärneerhalt zu investieren ist zwar langweiliger, ıber viel sinnvoller. Und tatsächlich ist es bei 'vs.Wild für die Teilnehmenden notwendig, mit roßer Rationalität an diese Fragestellung herınzugehen. Denn auch wenn man es von der anderen Seite des Bildschirms« nicht wahrıehmen kann: **Viele Situationen bei 7vs.Wild rfordern richtiges Verhalten, um Verletung, Krankheit oder einen Abbruch abzuvenden.** Beachtet man nicht diese »Notwenligkeitsfrage«, fühlt man sich nach wenigen agen so erschöpft, unterkühlt oder energie›s, dass man den Versuch abbrechen muss.

Andererseits handelt es sich immer noch m eine **Unterhaltungssendung** mit Survivalnhalt. Ein Teil der Zuschauer möchte also Crafting« sehen, Bushcraft- und Survivalechniken, die sowohl lehrreich als auch unteraltsam sind.

Ist das schon Kunst? Der Pürierstock von Fritz mit aufwendiger Verzierung. Für tolle Bilder geht man oft die »Extrameile«.

Teilnehmende beginnen mal aus Notwendigkeit, mal aus Interesse oder aus Entertainment, manchmal aber auch aus reiner Langeweile, Dinge auszuprobieren, obwohl sie möglicherweise nicht notwendig sind oder absehbar nicht zum Erfolg führen können. Sei es weil die Technik selbst zu anspruchsvoll für den Teilnehmenden ist oder vor Ort die notwendigen Ressourcen fehlen.

SURVIVAL-UNTERHALTUNG

Dieses »Scheitern« ist es aber auch, das immer die »Würze« in 7vs.Wild ausgemacht hat. Wie geht ein Laie an die Herausforderung heran, wie ein mäßig und wie ein sehr Erfahrener? Was ein Anfänger vielleicht ausprobiert, lässt ein Erfahrener aufgrund fehlender Notwendigkeit bleiben und andersherum.

Dazu kommt allerdings noch eine weitere Ebene – die der Produktion und des Schnitts. Es gibt unter den 7vs.Wild-Zuschauern nämlich bei Weitem nicht nur diejenigen, die Feuerbohren, Wassersuche und Hüttenbau sehen möchten, sondern auch jene, die sich für das Emotionale und Persönliche der oftmals recht bekannten Teilnehmenden interessieren. Das Besondere an 7vs.Wild ist schon immer, dass besonders ausschweifend erzählt wird, es also ein langsames Erzähltempo gibt. Das ermöglicht es, das Geschehene vor Ort ausführlich zu zeigen – anders als in anderen Produktionen mit hohen Schnittfrequenzen.

In Staffel 2 wurde sogar in den sogenannten »Uncut-Folgen« das aufgezeichnete Rohmaterial der Teilnehmenden auf YouTube veröffentlicht. Weil also nicht jede Technik in epischer Breite auf Film gezeigt werden kann, bleiben zwangsläufig natürlich auch Fragen offen.

> **PROFI-TIPP**
> Um eine der gezeigten Technik richtig zu verstehen, solltest du sie ausprobieren.

Durch 7vs.Wild begannen sich aber auch viele Zuschauer intensiver für Survival-Themen zu interessieren – vor allem solche, die bisher nur wenig Kontaktpunkte mit Bushcraft- und Survival-Techniken hatten: Was hätte wirklich gefehlt, damit das Feuerbohren in *Staffel 1* erfolgreich gewesen wäre? Lohnt es sich überhaupt, kleine Fische zu fangen, wie braut man in den neuseeländischen Bergen einen Kaffee und was hat es mit der umgebauten Steinschleuder auf sich, mit der ich mich in Neuseeland an die Hasen angepirscht habe?

WAS VIELE INTERESSIERT

Die öffentliche und lebhafte Diskussion all dieser Fragen macht 7vs.Wild zu dem riesigen Gemeinschaftsprojekt aus Produktion, Teilnehmenden, Reaction-YouTubern und Diskussionsforen wie Reddit. **Eine umfangreiche Aufarbeitung der gezeigten und manchmal nicht gezeigten Techniken** gab es aber noch nicht.

Im folgenden Kapitel habe ich genau diese Survival-Techniken der einzelnen Staffeln aufgearbeitet, die teilweise nur sehr kurz zu sehen, aber wichtig für das Verständnis der jeweiligen Situation waren oder besonders viele Fans interessiert haben.

Dazu habe ich nicht nur mehrfach alle bisher erschienenen Folgen 7vs.Wild gebinged und Hintergrundinformationen recherchiert, sondern auch mit zahlreichen Teilnehmenden gesprochen und mit ihnen über ihre Erfahrungen nach der Aussetzung diskutiert. Entstanden ist ein nach Staffeln sortiertes »Best-of« der Survival-Inhalte mit sachlicher Einordnung und detaillierten Step-by-Step-Anleitungen.

KURZE FRAGE:

Was ist die wichtigste mentale Qualität, die ein Teilnehmer von 7vs.Wild mitbringen muss, um die Zeit draußen zu überstehen?

Einerseits, dass du dir auch in schwierigen Situationen vertraust, andererseits aber auch, dass Du akzeptierst, dass du dir wegen der Kälte und der Erschöpfung einen viel langsameren Takt zugestehst, auch wenn in deinem Kopf alles in gewohnter Geschwindigkeit passiert.

UWE

Die richtige Angeltechnik im fast fischfreien Fluss. Auch wenn der Misserfolg absehbar ist – einen Versuch kann es dennoch wert sein. Selbst wenn es nur zur Beschäftigung des Geistes ist.

Die Anleitungen sind präzise genug, dass du sie auch als Anfänger alleine aus dem Buch erlernen und erfolgreich durchführen kannst – vor allem aber auch, dass du ein Verständnis dafür bekommst, warum manches vor Ort trotz großer Mühe nicht geklappt hat – oder nicht klappen konnte.

Die in 7vs.Wild gezeigten Techniken sind sehr unterschiedlich schwierig. Weil die Teilnehmenden oft selbst keine Profis waren, wurden natürlich nicht alle Dinge richtig gemacht. Es gibt jedoch zahlreiche unterschiedliche Wege, an ein Ziel zu kommen. Oft war die ganz eigene Herangehensweise das eigentlich Spannende. **Die hier gezeigten Techniken sind also oft nur eine von mehreren Möglichkeiten, die Technik durchzuführen.** Je mehr Erfahrung du hast, desto mehr lernst du unterschiedliche Methoden kennen, ein Feuer zu entzünden, einen Bogen zu bauen oder Fische zu fangen. Wichtig: Die Anleitungen sollen dir Inspiration sein, etwas draußen auszuprobieren und Spaß dabei zu haben – egal, ob die Technik erfolgreich ist oder nicht!

Die Techniken sind entsprechend ihrem Niveau markiert:

Einfache Grundlagentechnik, für Anfänger mit geringer Erfahrung geeignet.

Für Fortgeschrittene: schon etwas schwieriger durchzuführen.

Für angehende Profis: komplizierte, technisch anspruchsvolle und aufwendige Technik.

ACHTUNG!

Die bei 7vs.Wild gezeigten Techniken wurden jeweils in einem anderen Land mit eigener Gesetzgebung durchgeführt. Informiere dich darüber, was du bei dir daheim oder in deinem Reiseland machen darfst, bevor du sie ausprobierst!

WORKSHOPS – STAFFEL 1
SCHWEDEN
7 FREUNDE
UND DIE
WILDNIS

Eigentlich ist es eine einfache Idee. Du bist eingeladen für eine Woche Urlaub im Norden. Wenn es da nicht diesen kleinen Haken gäbe. Du verbringst die Reise nicht gemeinsam mit deinen Freunden – sondern jeder für sich einzeln und ohne Kontakt zu den anderen. Um diesen dunklen und kalten See verteilt. Und nicht etwa in einem Zelt oder gar in einem ausgestatteten Blockhaus, sondern mit nicht viel mehr als ein paar selbst gewählten Ausrüstungsgegenständen. Ob das gut gehen wird, ist eigentlich erstmal egal. Die Idee ist es, die zählt. Das Abenteuer, die Kameradschaft. Auch wenn ihr euch ab nun eine Woche lang nicht sehen werdet: Alle kämpfen und leiden gemeinsam. Du spürst: Es ist der Beginn von etwas Großem.

SCHNITTFEST

Zack! Mit leicht schmerzverzerrtem Gesicht begutachtet Fritz sein Kukri, das beim Hacken abgerutscht und mit ordentlich Schwung auf dem Felsen gelandet ist. Schon wieder.

Dass eine Klinge beim Arbeiten mit der Zeit stumpf wird, ist völlig normal. Bei jedem Schneidevorgang werden winzige Stücke aus dem Stahl gerissen und abgeschliffen und der extrem dünne Teil der Schneide verbiegt sich. Die Klinge wird stumpf und dringt nicht mehr richtig ein.

Nach Kontakt mit sehr hartem Material wie Felsen, Knochen oder Sand entstehen zusätzlich feinste Macken oder Scharten in der Klinge. Das spürst du besonders gut, wenn du mit mit dem Fingernagel darüberfährst. Möchtest du mit so einem beschädigten Messer schneiden, verhakt es bei der Bewegung wie eine Säge.

Stumpfe Klingen sind deshalb besonders gefährlich. Sie rutschen schneller ab und man braucht deutlich viel mehr Druck zum Arbeiten Deshalb verletzt du dich damit viel schneller. Das gilt aber nicht nur für Messer, mit denen du

ACHTUNG!
Mit stumpfen Messern schneidest du dich häufiger und schwerer.

ligrane Schnitzarbeiten für den Fallenbau urchführen möchtest, sondern auch für Äxte nd Haumesser. Sind diese stumpf, gleiten ie an Holz und Gebüsch ab und landen im chlechtesten Fall im Bein.

äufig genutzte Werkzeuge sollten immer ieder mal geschärft werden. Also muss die chneide abgezogen oder geschliffen werden. ritz scheuert das Kukri mit einem Gänsehaut rzeugenden Geräusch über einen rohen Stein. ürs Erste ausreichend. Bei diesem Wetzen oder Abziehen wird die Klinge wieder »aufgestellt« und scharf genug gemacht, um weiter zu arbeiten. So richtig rasiermesserscharf wird es so aber nicht. Dabei ist es gar nicht so schwer, ein Messer draußen richtig gut zu schärfen.

> **PROFI-TIPP**
> Wenn das Messer regelmäßig abgezogen wird, muss es nicht so oft richtig geschliffen werden.

u kannst während des Arbeitens mit einer Klinge die chärfe durch sogenanntes Abziehen erhalten. Fahre abei mit wenig Druck an einem Stück Glas, Keramik, em Funkenstahl, einem Nagel oder einem sehr glatten tein mit der Klinge entlang.

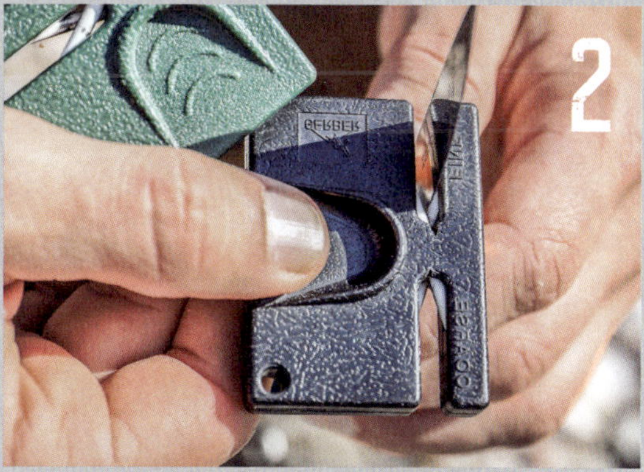

Außerdem gibt es spezielle Abziehhilfen, an denen du deine Klinge entlanggleiten lassen kannst. Achte darauf, dass der Winkel des Geräts zu deinem Messer passt. Sonst drohen Ausbrüche aus dem Grat.

t das Werkzeug richtig stumpf, benötigst du härtere ethoden. Jetzt müssen größere Mengen Metall mit nem Schleifstein entfernt werden. Gut geht das mit nem Wasserstein mit feiner Körnung. Verwende aber einen groben Sensenwetzstein.

Du schleifst nur den feinen, oft weniger als einen Millimeter breiten Grat, der die eigentliche Schärfe bringt. Dazu muss der Winkel eingehalten werden. Hilfreich ist es, wenn du die Schneide mit einem Marker einfärbst. Dann siehst du schnell, ob du richtig schleifst.

Die Klinge auf den nassen Stein auflegen und mit Gefühl den Grad suchen und mit einer schiebenden Diagonalbewegung das Messer über den Stein führen. Mit wenig Druck zurückziehen. Das Ganze auf beiden Seiten genau gleich oft wiederholen.

Wenn du keinen richtigen Schleifstein hast, kannst du improvisieren. Such dir zwei Steine: einen davon mit seh feiner Oberfläche und Schichten, an denen du den Stein spalten kannst. Du erkennst das an kleinen Absprengun gen oder einem deutlich sichtbaren Linienmuster.

Außerdem brauchst du einen »Schleifstein-Schleifstein«. Er ist faustgroß, abgerundet und ordentlich rau. Reinige beide Steine sorgfältig von allen Sandkörnern und Schlamm. Sie können das Schleifen stören und deine Klinge sogar beschädigen.

Den glatten und geschichteten Stein mit vorsichtigen Schlägen und mithilfe der Hände spalten. So erhältst du eine absolut glatte Oberfläche ohne jede Stufe. Das wär schon ein brauchbarer Wetzstein für Axt und Machete.

STAHL-ZERSTÖRER

Wenn du dein Messer so nahe an Glut und Feuer bringst, dass es sich erwärmen kann, zerstörst du die innere Struktur im Stahl. Es wird dann sehr schnell stumpf und ist praktisch zerstört. Messer gehören nie in die Nähe einer Flamme!

ɜefeuchte beide Steine. Mit dem runden und rauen Stein lie glatte Oberfläche des flachen und glatten Steins mit kreisenden Bewegungen bearbeiten. Achte darauf, dass lu alle Stellen gleichmäßig bearbeitest.

Wenn dein Stein eine absolut flache und glatte Oberfläche hat, ist er endlich zum richtigen Schleifen geeignet. Befeuchte ihn.

.ege deine stumpfe Klinge mit dem Anschliffwinkel auf len nassen Stein. Mit vorsichtigen kreisenden Bewegungen und wenig Druck schleifst du abwechselnd beide ;eiten, bis die Schneide wieder richtig scharf ist.

Ist eine gute Schärfe mit dem Stein erreicht, reibst du etwas feuchte Asche in den aufgeschnittenen, filzigen Hut eines Baumpilzes ein. Du kannst auch Stoff verwenden.

ɔurch Abziehen in Richtung des Messerückens stellst ɩu die optimale Endschärfe her. Jetzt werden nur noch ninimale Mengen Stahl entfernt. Wiederhole das etwa .0-mal auf beiden Seiten.

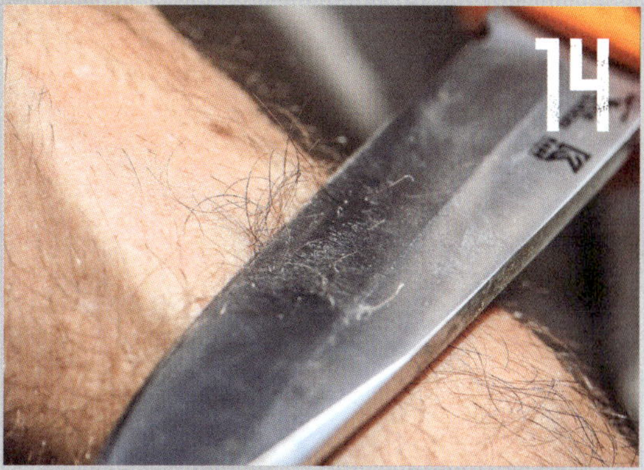

Die Zielschärfe deines Messers ist so, dass du dir die Haare des Unterarms damit abrasieren kannst. So ist deine Klinge wieder voll einsatzfähig.

FLECHTEREI

Ein bisschen räudig sieht die Spitztüte aus Ästen und Wurzeln schon aus. Fabio hat mehr aus Langeweile als aus Hunger seit dem 2. Tag immer wieder mal daran herumgebastelt. Jetzt will er wissen, ob sie auch wirklich funktionieren wird.

Er zerschneidet einen kleinen Fisch als Köder, versenkt die Reuse im Wasser und beschwert sie mit einem Stein. Dass sich wirklich ein Tier hineinverirrt, ist unwahrscheinlich. Es geht aber auch darum, Körper und Geist zu beschäftigen. Korbflechten ist eine wichtige Technik und gehört zum Standard beim Survival-Training. Wenn schon nicht als Reuse, dann zumindest zum Keschern von Fischen oder um beim Sammeln von Beeren, Wildsalat oder Schnecken ein geeignetes Behältnis zu haben. Flechten ist kein Hexenwerk. Man muss dennoch sorgfältig sein, sonst wird der Korb unregelmäßig oder zerfällt nach kurzer Zeit.

1

Zum Flechten von Körben brauchst du dünne und elastische Halme. Das können Schösslinge von Weiden sein, aber auch Efeu und andere Ranken oder die elastischen Wurzeln von Bäumen und selbst Schilf eignet sich dazu.

ür die einfachste Form machst du ein Kreuz aus jeweils
Ästen, wobei auf einer Seite ein halber Ast mit einge-
unden ist. Du brauchst eine ungerade Anzahl an Ästen.
Biege die Äste vorsichtig ein wenig auseinander, sodass
ie einen Teller bilden.

Mit Schnur oder sehr dünnen und elastischen Stängeln beginnst du mit dem Weben von innen nach außen. Immer abwechselnd über bzw. unter den nächsten weben. Zu Beginn wird es noch etwas unordentlich aussehen. Mit der Zeit wird aber alles ordentlicher und stabiler.

lat der Korbboden den gewünschten Durchmesser er-
eicht, biege alle Äste vorsichtig nach oben, sodass sich
eren Spitzen treffen. Pass dabei auf, dass sie nicht ab-
rechen. Jetzt weiter weben.

Jetzt webst du nach oben. Der Übergang ist meist etwas schwieriger. Nach einigen Umrundungen wird die Form aber immer deutlicher. Das machst du so lange, bis der Korb die gewünschte Höhe hat.

etzt musst du die Lagen fixieren. Bei flexiblen »Kett-
täben« biegst du sie um und steckst sie in die nächste
ücke. Ist das Holz nicht biegsam genug, knotest du
nindestens 5 Lagen der Webung mit Leine zusammen.

Soll der Korb eine Reuse werden, machst du ihn sehr viel voluminöser und baust einen zum Zieltier passenden Reuseneingang. Die Arbeit an so einer Reuse kann durchaus einen Tag dauern.

FISCHER FRITZ

So aufgeregt sieht man selbst Fritz nicht häufig. »Ohh, da ist was, da ist was!« Und tatsächlich. Als er die etwas schwerfälligen, improvisierten Angelruten aus dem Wasser hebt, zappelt ein Flussbarsch am Haken.

Kurze Zeit später ein weiterer. Angeln gehört tatsächlich zu den besonders Erfolg versprechenden Methoden, an Nahrung zu kommen – zumindest, sofern es vor Ort überhaupt Wasser und Fische gibt.

Dabei ist die einfachste Methode das von Fritz genutzte **Stipp-Fischen**. Es lässt sich einfach vorbereiten und ist vor allem beim Fang kleiner Fische erfolgreich. Dazu benötigt man weder eine Spule noch sonstige aufwendige Ausrüstung, sondern nur eine Leine, einen Haken und so wenig Zubehör, dass es in jedes Survival-Kit passt.

Außerdem braucht man einen Köder, zum Beispiel einen Wurm. Möchte man weiter als ein paar Meter auswerfen, kann man eine »Hobo-Angel« bauen. Das ist eine einfache Handspule.

ACHTUNG!
In diesem Buch wird auch das Töten und Schlachten thematisiert. Es gehört zu den Survival-Techniken genauso dazu wie das Entzünden eines Feuers.

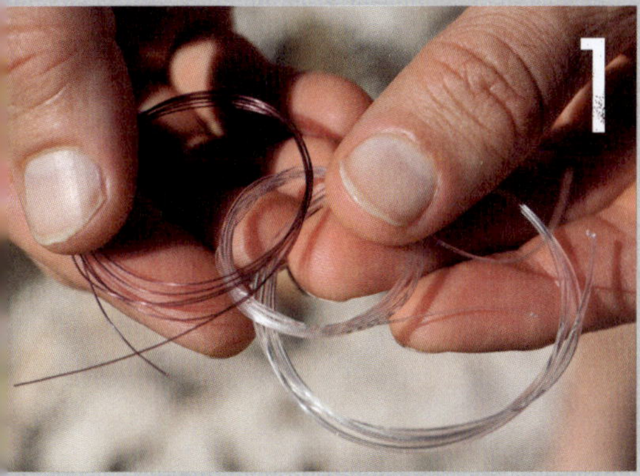

u brauchst eine geeignete Angelleine. Um das Ganze infach zu halten, kommt der Haken direkt an die einzige Hauptschnur«. Nimm 0,18 Millimeter Schnur für kleine ische, 0,25 für Fische bis Forellengröße und 0,35 für och größere Fische.

Außerdem nimmst du Ösenhaken. Sie lassen sich einfach anknoten. Für die meisten kleineren Fische passen 14er Haken. Bis Forellengröße nimm 6er bis 8er und für Lachse und noch Größeres 4er Haken. Du kannst Angelhaken auch improvisieren, das ist aber sehr aufwendig.

chneide dir eine Angelrute aus Bambus oder Holz. Je gerader, leichter und elastischer, desto besser. 2 bis 4 Meter ollte deine Rute lang sein. Entferne alle Stellen, an denen sich die Leine verhaken kann.

note deine Angelleine an die Spitze der Rute. Schneide azu eine Kerbe in die Spitze und fixiere darin die Leine. utze einen Schlingenknoten und setze zusätzlich einen chterknoten auf das kurze Ende. Sonst rutscht die Leine nter Belastung durch.

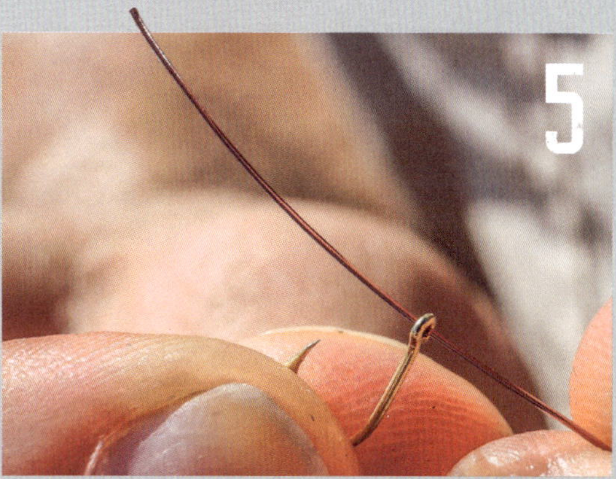

Die Leine so abtrennen, dass sie genau so lang ist wie deine Rute. An das Ende wird der Haken angeknotet. Wir verwenden hier einen einfachen, sogenannten Wirbelknoten. Dazu wird die Leine durch die Öse gezogen.

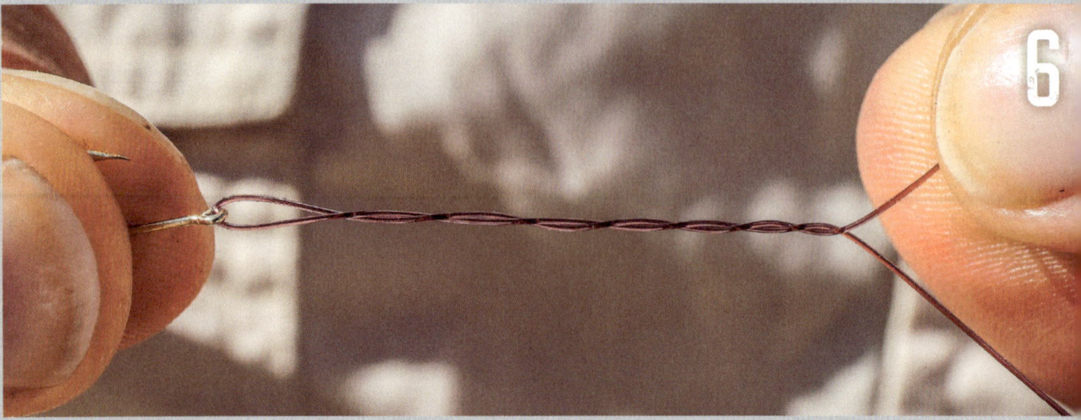

Die Leine nach dem Durchfädeln nach oben zurücklegen. Das Ende festhalten und **7-mal** den Haken um die Schenkelachse drehen. Dabei umwickeln sich die beiden Angelleinenabschnitte. Direkt an der Öse entsteht eine kleine Lücke in den Wicklungen.

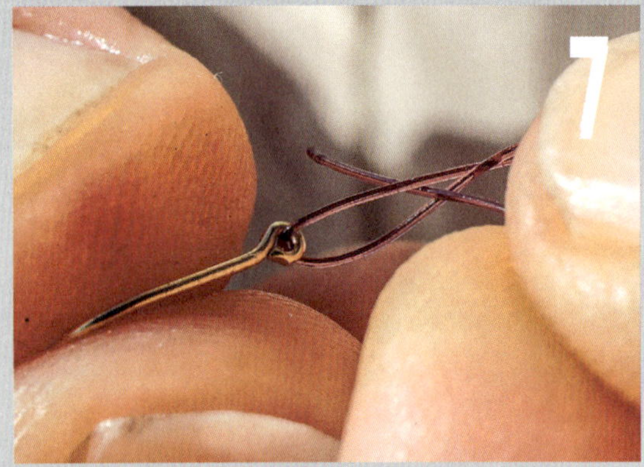

In diese Lücke wird das kurze Ende der Angelleine wieder hineingefädelt. Die Wicklungen mit etwas Speichel befeuchten und langsam zusammenziehen. Der Knoten sollte nun sauber an der Öse anliegen, ohne Schlaufen oder Überschläge zu haben.

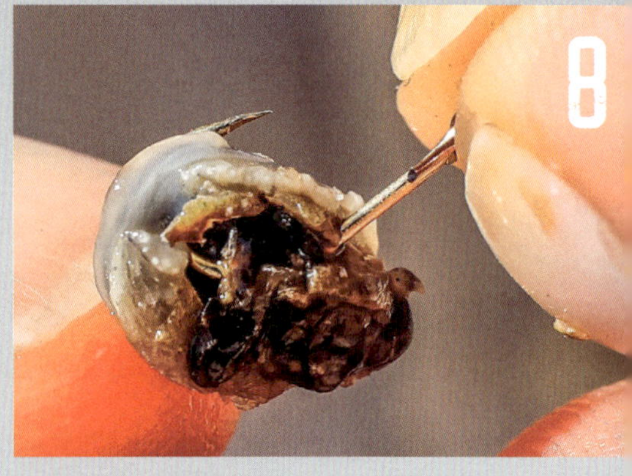

An den Haken kannst du jetzt den Köder machen. Nutze etwas aus der direkten Gewässerumgebung. Das kennen die Fische. Wasserschnecken, Muscheln, Würmer. Lasse die Hakenspitze frei. Damit kannst du prinzipiell schon angeln.

KURZE FRAGE:

Was war für dich immer am aufregendsten, wenn du selbst Teilnehmer von 7vs.Wild warst? Vorbereitung, Training, Aussetzung?

Der spannendste Part waren die ersten 24 Stunden unmittelbar nach der Aussetzung. Alles war neu, man hat sich mit seiner Umgebung vertraut gemacht und einen kleinen Plan für die nächsten Tage geschmiedet.

FRITZ

Du kannst den Köder direkt in einen Fischschwarm »stippen«. Wirf etwas Köder in das Wasser, um einen »Fressrausch« auszulösen, und leg den Köder dazwischen ab.

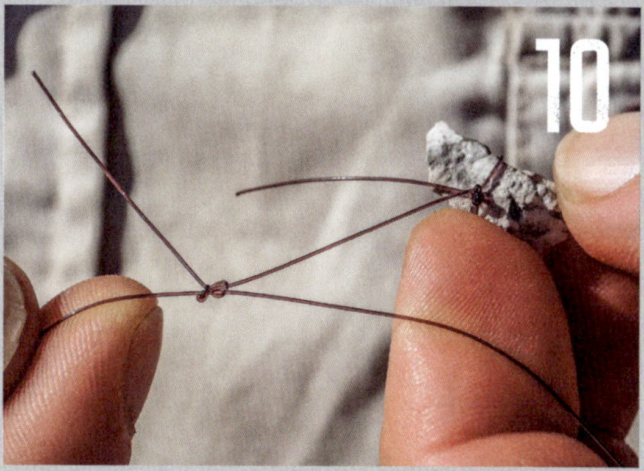

Angelst du tiefer, brauchst du einen Senker. Knote ein Stückchen Angelleine an ein Steinchen und fixiere sie mit einigen fest zugezogenen Knoten direkt auf der Angelschnur.

Als Schwimmer kannst du einen Federkiel oder ein Holzstückchen etwas spalten und die Leine darin festklemmen. Der Schwimmer kann beliebig verschoben werden und hält den Köder auf einer bestimmten Höhe im Wasser.

Die komplette »Takelage« auf die Wasseroberfläche aufsetzen und den Schwimmer beobachten. Wenn ein Fisch anbeißt, geht er unter oder wird rasch weggezogen.

Vermutest du, dass ein Fisch angebissen hat, zieh die Rutenspitze rasch nach oben. Das setzt den Haken im Fisch fest. Zieh den Fisch an Land.

Hast du Angelerfolg, wird der Fisch unmittelbar erlöst und ausgenommen. Dazu nimmst du ihn so in die Hand, dass nur der Kopf herausschaut.

Viele Fische haben Stacheln. Dir kann meist nichts passieren, wenn du den Fisch mit dem Kopf zuerst in die Hand rutschen lässt – dann legen sich die Stacheln an. Achtung: Manche haben nach vorne gerichteten Giftdorne!

Mit einem Messerknauf oder einem Ast schlägst du dem Fisch kräftig auf den Kopf zwischen die Augen. Er ist unmittelbar betäubt und sollte sich nun nicht mehr bewegen. Nun muss er noch getötet werden.

Mit dem Messer schneidest du auf der Bauchseite den Steg zwischen den Kiemendeckeln und dem Körper durch. Dadurch verblutet der betäubte Fisch in wenigen Momenten. Nun kann er ausgenommen werden.

An Fischen mit spitzen und manchmal giftigen Stacheln in den Flossen verletzt man sich relativ schnell. Am besten schneidest du die gefährlichen Stacheln mit dem Messer komplett ab.

Manche Fische haben große Schuppen, die sich beim Zubereiten ablösen und dann wie Stroh im Mund kleben. Deshalb vorsichtig mit dem Messer die Schuppen wegkratzen, bis der Fisch komplett glatt ist.

Zum Ausnehmen den Bauch komplett längs aufschneiden. Idealerweise machst du das so, dass der Darmausgang nicht beschädigt wird, sondern du um ihn herum schneidest.

Den Darm an der Kloake umschneiden. Viele Angler stechen hier mit dem Messer rein und zerschneiden dabei den kompletten Darm.

Alle Organe aus dem Fisch ziehen. Vorne können Magen und Schlund mit den Kiemen entfernt werden. Achte darauf, dass die Organe wie Darm und Gallenblase dabei nicht zerreißen. Passiert das, rasch den Fisch auswaschen.

Unter dem Rückgrat liegen Schwimmblase und die dunkle, längliche Niere. Beides herauskratzen. Jetzt ist der Fisch bereit für die Zubereitung. Die Schlachtabfälle eignen sich ideal als Köder zum Angeln.

LAKE AND ORDER

Bitte beachte, dass du je nach Ort einen Angelschein und eine Fischereigenehmigung bzw. Lizenz benötigst. Informiere dich über die lokale Gesetzgebung, bevor du angelst. In Deutschland kann das Schwarzangeln hohe Strafen zur Folge haben. In vielen anderen Ländern der Welt ist das Angeln ohne Schein kein Problem.

ABGEFACKELT

Über zweieinhalb Minuten brennt die Harzfackel von Chris jetzt schon, als die Flamme langsam kleiner wird und schließlich ganz verlischt. Mit dem Ergebnis kann er absolut zufrieden sein.

Im Prinzip scheint es zu funktionieren. »Wenn ich jetzt mehr Material gehabt hätte …«, summiert er seinen Versuch. Die Regeln der Tagesaufgabe hätten tatsächlich einiges mehr zugelassen. Die gibt vor: Maximalumfang 40 Zentimeter und Maximallänge 50 Zentimeter. Da ist er deutlich darunter geblieben.

Auch Fabios Fackel ist eher überschaubar geblieben. Seine Fackel besteht aus einem kleinen Korb, in dem er die ölige Birkenrinde schichtet. Immerhin brennt sie mehr als doppelt so lange wie die von Chris. Allerdings sind das Dimensionen, über die Fritz nur schmunzeln kann. Er klotzt buchstäblich: Auch ein Schwedenfeuer ist eine Fackel. Und mit absolut exakt 40 Zentimeter Umfang hat er wirklich alles ausgereizt. Und es lohnt sich. Nur um wenige Sekunden verpasst er die Einstundenmarke und gewinnt mit großem Abstand die Tageschallenge.

Tatsächlich sind alle drei Fackeln großartige Konzepte, das jedes für sich gut funktioniert und einen ganz eigenen Einsatzzweck hat. Denn tatsächlich braucht man manchmal schnelles, helles und mobiles Licht, manchmal soll die Beleuchtung den ganzen Abend brennen.

Der Klassiker unter den Fackeln und Kerzen ist der **Kien-pan**. Du kennst ihn vielleicht als Feueranzünder. Er be-teht aus sehr harzhaltigem Holz, das du besonders in len Wurzeln und Astlöchern abgestorbener Nadelbäume ndest. Es riecht harzig und glänzt glasig.

Schneide lange und dünne Streifen aus dem Holz. Dazu kannst du sie auf die gewünschte Länge zusägen und mit dem Messer einfach der Länge nach spalten. Am Ende kannst du sie dünner schneiden, um sie besser anzuzünden.

ien brennt flackernd und unruhig. Am besten klemmst u ihn in ein Holzstück als Halter. Durch die Neigung des pans lässt sich die Helligkeit und Abbrandgeschwindig-eit regulieren. Der Span brennt etwa 15 bis 20 Minuten.

Mobiler ist eine **Harzfackel oder Harzkerze.** Harz ist eine stark brennbare Masse, die du an Verletzungen von Nadelbäumen absammeln kannst. Nutze zum Verbrennen solches, das schon fast trocken ist.

ermische das Harz im Verhältnis von 1:2 mit trockenen flanzenfasern. Gut durchwalken und einen Docht zum nzünden herauszupfen. Damit nicht alles verklebt, annst du das Päckchen in Blätter einwickeln.

Die Masse kannst du in einem Schneckenhaus oder einer Steinmulde oder Holzschale platzieren und anzünden. Das Harz brennt hellgelb und rußt stark. Vorsicht: Es wird flüssig und kann zu Verbrennungen führen.

Besonders in den schwedischen Wäldern ist Birkenrinde eine zuverlässige Quelle für schnell und stark brennbares Material. Trenne die lederartige Schicht von abgestorbenen Bäumen und auf dem Boden liegenden Ästen.

Wickle und falte enge Schiffchen aus der Rinde. Pass auf dass kein Holz an der Borke hängt. Dabei darauf achten, dass die einzelnen Schichten etwas voneinander versetzt enden. Das vereinfacht das Entzünden.

Spalte einen rund daumendicken Ast, zum Beispiel von Hasel. Den Spalt aber nicht durchführen, sondern nur die ersten paar Zentimeter auftrennen. Das Schiffchen klemmst du jetzt darin ein.

Nach dem Entzünden brennt sie etwa 5 bis 10 Minuten und hält sogar Wind und leichten Regen aus. Das Licht von Birkenrinde ist besonders hell, weshalb sich die Fackel auch für nächtliche kurze Aufgaben eignet.

Das **Schwedenfeuer** ist ein ganz anderes Kaliber. Es kann buchstäblich stundenlang brennnen und beleucht dein Lager nicht nur, sondern heizt zudem auch. Dazu brauchst du einen Stammabschnitt mit etwa 15 bis 30 Zentimeter Durchmesser. Den Stamm einmal spalten.

Jede Hälfte nochmal halbieren. Es entstehen vier etwa gleich große »Kuchenstücke«. Soll das Schwedenfeuer kleiner werden als der Stammdurchmesser, kannst du die Viertel von außen reduzieren.

Für eine bessere Belüftung und den Kamineffekt kannst du von den Abschnitten innen etwa 2 Zentimeter vom Kern so entfernen, dass bei zusammengesetzten Abschnitten ein durchgehender Kanal entsteht.

Klemme zwei Äste zwischen die Abschnitte des Stamms, sodass immer etwas Platz zwischen ihnen gehalten wird. Sie sollten im unteren Drittel sein, sonst reduzieren sie den Luftzug und verbrennen schnell.

Die vier Abschnitte mit Pflanzen oder Steinen gegen Auseinanderfallen sichern. Außerdem die Umgebung absichern. In den Mittelkanal kommt jetzt eine ordentliche Menge Birkenrinde als Zunder.

Die Rinde anzünden. Innerhalb kurzer Zeit brennt der Kanal von unten nach oben durch und erzeugt eine Feuersäule. Zum Ausmachen werden die vier Stücke auseinandergeklappt und mit Wasser gelöscht.

ACHTUNG!
Auch wenn die Fackeln ohne dein Zutun lange brennen: Offenes Feuer darf nie unbeobachtet bleiben!

HEUERFOLZ

Chris ist bescheiden: »Mir würde es reichen, ein bisschen Qualm zu erzeugen.« Das Survival-Feuerzeug, das er sich zusammengestellt hat, sieht vielversprechend aus.

Dennoch merkt er schnell, dass es gar nicht so einfach ist, Bogen, Druckstück und Spindel so zu halten, dass sie ihm nicht wieder aus den Fingern fliegen. Allerdings will sich weder Glut erzeugen lassen, noch riecht es verbrannt. Vielleicht liegt es auch daran, dass Chris frische Kiefer gesammelt hat – oder seine Spindel ist zu krumm. Bei der »Königsdisziplin« kann man einiges falsch machen.

In den nördlichen Klimazonen ist Feuerbohren die einzige sinnvolle Möglichkeit, ohne Feuerzeug oder Flint eine Glut zu entfachen. Kein Wunder, dass die Technik als Challenge ausgegeben war. Allerdings ist das Feuerbohren ziemlich anspruchsvoll. Du brauchst die richtige Technik, die richtigen Hölzer und außerdem einiges an Ausdauer.

Das Ergebnis ist ein kleines Häufchen Glut aus dem du dann die Flamme entwickeln kannst. Bis dahin ist es aber ein weiter Weg. Plane mindestens einige Stunden für den gesamten Vorgang ein.

PROFI-TIPP

Feuer bohren ist wirklich anspruchsvoll. Wenn du es trotz Trainings nicht schaffst, lass es Dir einmal von einem Profi zeigen.

u brauchst ein unterarmdickes Stück knochentrocke-es Holz von Linde, Fichte, Pappel oder anderen weichen äumen. Säge es in ein 30 Zentimeter langes Stück und palte es in 2 Zentimeter dicke Brettchen.

Außerdem brauchst du eine Spindel. Nimm Hasel, Hartriegel oder andere harte Strauchhölzer. Wenn du die nicht findest, kannst du dir auch aus einem der Weichholzbrettchen eine etwa zeigefingerdicke Spindel schnitzen.

ie Spindel darf nicht schief sein. Außerdem muss sie rocken sein und darf unter der Borke nicht mehr grün ein. Oben und unten bekommt die Spindel einen Konus. lles muss sauber geschnitzt worden sein.

Jetzt brauchst du noch ein **Druckholz und einen Bogen**. Beides darf aus hartem Holz sein. Für Anfänger sind etwa unterarmlange L-Bögen und ein 10 Zentimeter langes Druckholz ideal. Bogen und Druckholz von Ästchen befreien.

as Druckholz auf einer Seite etwas abflachen und ein och hineinschneiden, in das eine der Spindelspitzen asst. Ab jetzt kommt immer etwas Gras als Schmiertoff zwischen Druckholz und Spindel.

In den Bogen spannst du eine Sehne, die etwa doppelt so lang ist wie der Bogen selbst. In die Mitte knotest du mit dem Mastwurfknoten (Grundlagen) die Spindel. Sie bleibt jetzt immer eine Einheit mit dem Bogen.

Schneide 2 Zentimeter vom Rand entfernt ein kleines Loch in das Brett. Hier entsteht später zwischen Spindel und Brett die Hitze. Drücke die Spindel etwas in das Loch und drehe sie ein wenig, um es zu vertiefen.

Wickle die Leine jetzt komplett auf die Spindel. Die untere Spindelspitze auf das Bohrbrett stellen, etwas Gras in die Höhlung des Druckholzes drücken. Das Gras ein wenig zerreiben. Es sollten keine anderen Laubblätter sein – sie sind zu weich.

Druckholz auf die Spindel setzen und das erste Mal bohren. Mit Druck und Geschwindigkeit experimentieren. Bei jeder neuen Versuch wieder etwas Gras in das obere Loch drücken. Dann verglast diese Stelle und hat kaum noch Reibung.

Übe so lange, bis dir die Spindel nicht mehr aus dem Bohrbrett fällt. Es soll dabei schon ordentlich Rauch entstehen und die Spitze deutlich dunkel werden. Wenn du merkst, dass zu wenig Reibung entsteht, erhöhe den Druck.

Ist etwa 5 Millimeter tief angebohrt, kannst du die Kerbe schnitzen. Sie wird wie ein Tortenstück ausgeschnitzt – die Kerbe endet etwa im Zentrum der Bohrung und sollte einen 45°-Winkel haben.

etzt aufs Ganze! Pflanzenfasern unter die Kerbe legen, Spindel auflegen, Gras nachlegen, Druckstück aufsetzen. Jnd jetzt powern. Es muss sofort anfangen zu qualmen und schwarzes Pulver entsteht.

Du bohrst, bis du ein ordentliches schwarzes Pulverhäufchen hast. Wenn es ausreichend war, verklebt das Pulver ein wenig und qualmt weiter, nachdem du das Bohren beendet und die Spindel entfernt hast – ohne das Brettchen zu bewegen.

Jetzt vorsichtig in das Häufchen blasen oder wedeln. Es wird immer mehr qualmen. Wenn du Glut siehst, hast du gewonnen. Überführe das glühende Häufchen vorsichtig in das Zundernest (Grundlagen) und entwickle die Flamme!

KURZE FRAGE:

Du warst bei der allerersten Staffel dabei. Niemand wusste, ob und wie es funktionieren würde. Hätte es ein Szenario gegeben, bei dem du sofort abgesagt hättest?

Die Antwort ist ganz einfach, egal bei welchem Setting, eine Absage wäre für mich niemals in Frage gekommen.

BOMMEL

WORKSHOPS – STAFFEL 2
PANAMA
DIE GRÜNE
WAND

Chaos und gleichzeitig Stille. Der Druck auf deinen Ohren scheint für einen Moment unerträglich zu werden. Dann die kurze Erlösung, bevor die nächste Welle über dir zusammenfällt und dich ein weiteres Mal unter Wasser drückt. Hustend und schnaubend trittst du gegen die Brandung an, als du endlich rutschige Felsen unter deinen Füßen spürst. Mit letzter Kraft erreichst du das rettende Ufer. Aus dem nahen Wald begrüßt dich das ohrenbetäubende Sirren und Summen Tausender Stimmen unsichtbarer, fremder Wesen. Nach dem salzigen Wasser schlägt dir jetzt die schwüle Hitze Panamas ins Gesicht. Fremdartig, gefährlich und dennoch mit unendlicher Anziehungskraft. In diesem Chaos aus Tieren und Pflanzen wirst du dich nun bewähren müssen.

OBEN BLEIBEN!

»Ich hab gedacht, ich sauf ab!« Knossi ist völlig am Ende. Er liegt mit rotem Kopf auf dem Rücken und versucht, seinen Atem zu beruhigen. Das war knapp.

Dass Strömungen vor der Isla de San José unberechenbar sein können, war ihm klar. Nicht aber, wie tief er nach dem Sprung aus dem Helikopter abtauchen würde und dass die durchnässte Kleidung ihn nicht nur nach unten zerren, sondern ihn gefährlich nahe an die scharfen Felsen treiben würde. Außerdem hatte der Absprung seiner Meinung nach auch viel zu weit vom rettenden Ufer entfernt stattgefunden. Das sollte doch kein Kampfschwimmereinsatz werden, sondern eine Aussetzung! Entsprechend abgekämpft war er jetzt.

Beim Rettungsschwimmen lernt man, **sich im Notfall seiner Kleidung zu entledigen**. Aber wie groß ist das Risiko, die Kleidung dann zu verlieren und 7 Tage nackt und alleine an einem unbekannten Strand verbringen zu müssen? Dabei gibt es eine einfache Technik, mit der dir deine nasse Kleidung sogar Auftrieb verleiht.

ACHTUNG!
Führe Schwimmversuche immer in einem geschützten Umfeld durch. Beispielsweise im brusttiefen Wasser oder unter Aufsicht im Schwimmbad.

Bist du mit voller Kleidung im Wasser, wird das Schwimmen davon sehr eingeschränkt. Sie zieht dich bei jedem Schwimmschlag nach unten. Jetzt unbedingt Panik vermeiden. Lege dich auf den Rücken, zieh die Schuhe aus.

Entledige dich jetzt erstmal deine Hose aus. Leg dich dafür auf den Rücken und zieh die Beine an. Das verhindert, dass du dich selbst unter Wasser drückst. Kurz bevor du die Hose über die Knie ziehst, atme tief ein, weil du dabei ziemlich sicher kurz abtauchst.

Hast du die Hose ausgezogen, kannst du schon viel einfacher schwimmen. Schließe die Knopfleiste bzw. Knopf und Reißverschluss. Drehe die Hose so, dass der Reißverschluss nach unten zeigt, der Hosenboden nach oben.

Verknote die Hosenbeine mit einem Kreuzknoten. Ein einfacher Überhandknoten könnte sich bei der Bewegung schnell lösen. Zieh das alles aber nicht zu eng an, der entstandene Ring muss über deinen Kopf passen.

Zieh dir das Ganze jetzt über den Kopf, sodass der Knoten in deinem Nacken und der obere Teil vor deinem Kinn ist. Achte darauf, dass der Ring nicht so eng geknotet ist, dass er dir den Hals abdrückt.

Jetzt nimmst du den Hosenbund an beiden Seiten und hebst ihn über die Wasseroberfläche. Halte den Bund mit beiden Händen gut auseinander, sodass die komplette Öffnung zur Wasseroberfläche hin offen ist.

Ziehe den Hosenboden kurz nach oben und dann schnell nach unten in Richtung Bauchnabel. Die Luft wird darunter gefangen. Halte den Bund immer mit einer Hand unter der Wasseroberfläche.

Der nasse Stoff ist fast luftdicht. Es bildet sich eine große Luftblase, die dir Auftrieb verschafft und dir hilft, an der Wasseroberfläche zu bleiben.

Leg dich auf den Rücken und paddel in Richtung des rettenden Ufers. Dabei immer darauf achten, dass der Hosenbund unter die Wasseroberfläche gehalten wird. Die Luft entweicht nur sehr langsam aus deiner Rettungsweste.

Sinkt der Auftrieb, Schlag mit der freien Hand hin und wieder auf die Wasseroberfläche und schöpfe so etwas Luft unter Wasser, die sich in deiner Schwimmweste sammelt und diese wieder auffüllt.

SEEPFERDCHEN!

Sicher schwimmen zu können, ist eine wichtige Grundvoraussetzung für sicheres Reisen: Du kenterst mit dem Kanu, rutscht beim Wasserholen am Fels ab oder wirst beim Furten mitgerissen. Lerne Schwimmen, beispielsweise bei der DLRG. Ein gutes Niveau für Reisen ist deren Schwimmabzeichen Gold.

DACHSCHADEN

Nova hatte sich das alles doch ein wenig anders vorgestellt. Im strömenden Regen kauerte sie jetzt unter ihrem offenen Dachgestell am felsigen Strand und lauschte den Wellen.

Geschützt vor den Elementen nur durch ihren Biwaksack. Zu viel Zeit hatte sie in den letzten beiden Tagen damit verbraucht, sich die Umgebung anzuschauen und nach Ressourcen zu suchen. Was bis jetzt stand, waren einige aneinandergelehnt Bambusstangen. Sabrina saß zur selben Zeit unter einer ganz ähnlichen Konstruktion. Sie hatte allerdings das Gestell mit den Wedeln der Kokospalmen abgedeckt. Es gibt verschiedene Strategien für das Dach einer solchen Tropenhütte. Die einfachste Version ist in weniger als 2 Stunden gebaut.

Zum Bau des Dachs für eine Person werden etwa 15 stabile Schilf- oder Bambusstangen geschnitten. Außerdem benötigst du Leine und genügend Abdeckmaterial. In den Tropen sind das große Blätter oder Palmwedel.

Suche die 6 dicksten der Stangen heraus, entferne die Blätter und kürze sie auf etwa 2,5 Meter. Achte darauf, dass du nicht in die Seitenwand schneidest, sonst brechen sie dort später.

3 der Stangen mit dem Dreibeinbund zusammenbinden und aufstellen. Dabei bilden die Stangen einen Winkel von etwa 45°–60° zueinander. Die Füße zum Sichern gegebenenfalls etwas in den Boden eingraben.

Ein weiteres Dreibein zusammensetzen und im selben spitzen Winkel etwa 2 Meter vom ersten Dreibein so aufstellen, dass 2 der Beine parallel zum ersten Dreibein stehen.

Eine Stange auf den First aufsetzen und an beiden Dreibeinen mit einem Kreuzbund fixieren. Ist der First sehr elastisch einfach 1 oder 2 weitere Stangen auflegen und mit dem First verbinden.

uf beiden Seiten der Dachschenkel mindestens 2 je-
veils etwa 30 Zentimeter voneinander entfernte Stangen
uf dieselbe Art und Weise fixieren. Sie dienen später
um Auflegen der Dachabdeckung.

Jetzt werden die Palmwedel so gekürzt, dass sie deutlich über die unterste Querstange überhängen können, und mit den oberen Blättchen in den First eingehängt.

ie Palmwedel am First mit einigen Blättchen verknoten
nd so gegen Herunterrutschen sichern. Die Palmwedel
aben oben etwa 10 Zentimeter Abstand voneinander.

Diese erste Schicht wird jetzt mit einer Querstange gesichert, damit Wind die Palmwedel nicht anheben und die Dachfläche zerstören kann, wenn er unter die Hütte fegt.

wischen jeden Palmwedel wird nun ein weiterer aufgelegt und in selber Weise fixiert. Ist eine Dachseite dicht, wird die
ndere Seite gedeckt.

BEHIND THE SEHNE

Joris schaut ein wenig irritiert und liest nochmal die Tagesaufgabe. »Pfeil und Bogen bauen ist bei mir das große Problem!« Auch die anderen Teilnehmenden sind etwas ratlos und machen sich dann an den Bau.

Aufgabe ist: Pfeil und Bogen bauen. Der Pfeil soll danach auf ein Ziel geschossen werden und in einem Meter Höhe stecken bleiben. Wer die weiteste Distanz schafft, hat gewonnen. Die Aufgabe stellt sich als unerwartet schwierig heraus. Mal ist der zum Bogen gespannte Ast zu steif, mal prallt der Pfeil ab – und meistens fliegt er überallhin – aber nicht in das Ziel.

Selbst mit »echtem« Pfeil und Bogen ist das Schießen auf ein Ziel alles andere als einfach. Zum Jagen auf Großwild taugen die selbst gebastelten Flitzebogen ohnehin nicht – aber um kleineren Tiere wie Reptilien oder um Kaninchen am Bau nachzustellen, könnte man einen selbst gebauten Bogen durchaus verwenden. Wenn der Pfeil denn gerade fliegen würde. Tatsächlich gibt es eine Möglichkeit, einen brauchbaren Bogen für Kleinwild aus frischen Hölzern zu fertigen. Das braucht zwar einen Nachmittag Arbeit und der Bogen ist wirklich nur für kleineres Wild gedacht, aber um die Challenge zu gewinnen, reicht er allemal.

PROFI-TIPP

Schussentfernungen für Impro-Bögen liegen bei ca. 5 Metern.

äge eine rund 3–5 Zentimeter dicke, 1,5–1,8 Meter lan-
e, gerade, möglichst astfreie Stange aus Hasel, Hart-
egel, Robinie oder einem anderen stabilen, aber elas-
schen Holz. Findest du diese Pflanzen nicht, musst du
xperimentieren.

Suche die Eigenbiegung der Stange, indem du die beiden Enden auflegst und in der Mitte aufdrückst. Der Rohling dreht sich von selbst. Zeichne auf der inneren (konkaven) Seite die Mitte an und miss in beide Richtungen etwa 10 Zentimeter.

chneide von der Markierung eine Seite flach bis zum
entrum der Stange. Das erkennst du an dunklerem Holz
der einem Markkanal. Versuche, durchgehend den
elben Winkel der Fläche zu halten.

Dasselbe machst du auf der anderen Seite des Mittelstegs. Achte darauf, dass du nicht versehentlich tief in die Fasern hineinschneidest. An solchen Schwachpunkten brechen Impro-Bögen gerne.

etzt verjüngst du die Wurfarme außerdem seitlich zu
en Enden hin. Dort sind sie etwa 2 Zentimeter breit. Am
ittelsteg haben sie die komplette Breite. Achte darauf,
ass beide Wurfarme etwa gleich breit werden.

An die Enden jetzt Kerben von mindestens 5 Millimeter Tiefe schneiden. Dort hinein wird die Sehne gespannt. Achte darauf, dass beim Einschneiden der Kerben genügend Material zum Markkanal stehen bleibt.

Knote in deine Leine 2 Schlaufen, die groß genug sind, dass sie über die Wurfarme gezogen werden können. Die Leine sollte bei nicht ausgezogenem Bogen etwa 10 Zentimeter vom Mittelsteg entfernt sein.

Zeit für den ersten Test. Ziehe den Bogen aus und beobachte: Wo biegt er sich zu wenig? Hier weiter die Stärke des Wurfarms reduzieren. Dieses »Tillern« führst du so lange durch, bis der Bogen eine durchgängige Biegung hat.

Das sieht schon mal ganz gut aus. Impro-Bögen aus frischem Holz sind in der Regel nicht so elastisch, dass du sie wie einen modernen Bogen ausziehen kannst. Musst du aber auch gar nicht – für 4–5-Meter-Schüsse reicht das völlig.

Jetzt brauchst du noch Pfeile. Du kannst sie aus Hartriegel, Robinie, Schilf, Holunder oder Schneeball bauen. Entferne alle Äste, Blätter und schäle den Rohling komplett. Achte darauf, dass du dabei nicht ins Holz schneidest.

Die Pfeile sollten möglichst gerade sein. Hat dein Rohling eine Eigenbiegung, erhitze die Stelle über der Glut – besser noch über Wasserdampf – und biege das Holz in die gewünschte Form. Halten, bis das Holz abgekühlt ist.

An das dickere Ende kommt eine Kerbe zum Einnocken i die Sehne. Schneide dazu das Ende zuerst flach und trer ne dann mit dem Lochschnitt (Grundlagen) die Faser nach hinten heraus.

Pfeile, die weiter als 2 Meter fliegen sollen, brauchen eine Befiederung. Dazu Federn halbieren. Die Fahne so entfernen, dass vorne und hinten 2 Stege von etwa einem Zentimeter stehen bleiben.

Du brauchst mindestens 2, besser 3 Federn für einen sauberen Flug. Mit Leine werden sie an den freien Stellen am Kiel vorne und hinten festgebunden. Achte auf genügend Abstand zur Nocke.

Auf der anderen Seite kannst du einen Spitze einfügen. Das kann ein Splitter aus Glas sein, ein hartes Holzstück oder eine richtige Knochenspitze mit Widerhaken. Es ist davon abhängig, was das Ziel des Pfeils sein soll.

Um mit diesem Pfeil und Bogen zu schießen, peilst du an der Sehne über die Pfeilspitze. Das Treffen ist aber Übung und Gefühlssache. **Ehrensache: Außer im absoluten Notfall schießt du auf Scheiben, nicht auf Tiere!**

SURVIVAL-ROMANTIK

Kannst du mit Pfeil und Bogen schießen, ist das ein großer Vorteil, bedeutet aber noch lange nicht, dass du damit Großwild jagen kannst. Du brauchst Infos über dessen Verhalten vor Ort und viel Glück. Realistischer ist im Notfall die Jagd auf Höhlen bewohnende Kleintiere wie Kaninchen. Sie sind immer am selben Ort.

FRUTTI DI MARE

»Er hat überhaupt keine Angst vor mir!« Der neue Freund rudert etwas unbeholfen mit seinen Armen in der Luft und zieht sich dann doch verschreckt zurück.

Gerade hatte Knossi seine allerletzte Kokosnuss für seinen Aufenthalt von der Palme geschlagen, als ihm dieser kleine Geselle über den Weg läuft. »Krabbiee!« tauft er den großen Einsiedlerkrebs, der es sich in der leeren Meeresschneckenschale gemütlich gemacht hat. »Du hast nichts vor mir zu befürchten!« – so selbstverständlich ist das tatsächlich nach einer 7-tägigen Kokosnussdiät gar nicht. Einsiedlerkrebse werden in vielen Kulturen als Nahrung verwendet. Sie sind ganz klassische Krabben, denen einfach nur der hintere Teil des Panzers fehlt. Ohne Schneckenhaus sehen sie aus wie eine Garnele mit ganz kleinen Füßchen. Vor allem kommen sie am Strand der Isla de San José in unendlicher Stückzahl vor. Bleibt ein Stück Kokosnuss über Nacht liegen, stürze sich Hunderte dieser Eremiten darauf, bis nicht mehr davon übrig ist.

Einsiedlerkrebse sind allerdings bei Weitem nicht die einzigen essbaren Tiere am Strand. Vielmehr sind die Felsstrände der Welt gepack mit Essbarem, das entweder auf dem Strand krabbelnd nach Kokosnuss und angespülten Fischen sucht, in der Brandungszone an Felse klebt oder in den Rockpools auf Opfer lauert. **Der Tisch ist an den Küsten reich gedeckt – man muss die Mahlzeit nur erkennen und wissen, wie man damit umgeht.**

m sichersten wirst du in der Gezeiten- oder Spritzwas-
erzone fündig. Das ist der Bereich der Felsenküste, der
nmer wieder überflutet wird oder regelmäßig von Wellen
berspült wird. Hier findest du auch Wasserschnecken
nd Muscheln *(Staffel 2)*.

Zahlreiche Schneckenschalen sind nicht mit den essbaren Weichtieren besiedelt, sondern mit **Einsiedlerkrebsen**. Die Krabbler gibt es in verschiedenen Größen. Dabei gilt: In einem großen Haus wohnt auch ein großer Krebs.

Krabbies« bestehen aus einem harten Vorderteil und einem garnelenartigen Schwanz. Gekocht kannst du alles
ssen. Dabei knirschen die Panzerteile ein wenig. Möchtest du nur das weiche Hintere essen, entferne auch die ganz
m Schwanzende liegenden Haken.

ehr viel **größere Krebse** teilen sich mit den Einsiedlern
en Lebensraum. Du kannst sie mit etwas Fisch oder
ner aufgeschlagenen Muschel anlocken oder sogar
ngeln. Halte sie am hinteren Beinpaar fest, sonst errei-
hen sie deinen Finger und können böse zwicken.

Die schnellste Möglichkeit, einen so großen Krebs zu töten, ist, ihn komplett der Länge nach zu halbieren oder ins kochende Wasser zu werfen. Du kannst buchstäblich alle weichen Teile der Krabbe essen. Am besten ist natürlich das Scherenfleisch.

Schaust du dich in den Rockpools genauer um, findest du kleine, mit hellen Kieseln umrandete Höhlen von **Kraken**. Achtung: Sind die Tiere blau geringelt, handelt es sich um eine tödlich giftige Art!

Wenn du dich dem Tier näherst, wird es sich in die Höhlung zurückziehen. Jetzt musst du schnell sein, sonst verdrückt es sich durch winzige Ritzen im Boden.

Den Oktopus aus der Höhle nehmen (gegebenenfalls Handschuhe tragen) und mehrfach kräftig an einen Felsen schmeißen. Das tötet das Tier rasch.

Alternativ dazu kannst du den Eingeweidesack auf links drehen und alle Organe komplett entfernen. Der Oktopu entfärbt sich - ein Zeichen, dass er tot ist.

Den im Zentrum der Arme liegenden Schnabel komplett entfernen. Danach kann der Oktopus noch weich geklopft werden. Anschließend kann der Oktopus zubereitet werden. Entweder lange kochen oder grillen.

An den Felsen findest du oft seltsame Hütchen, die scheinbar fest mit dem Untergrund verschmolzen sind. Das sind **Napfschnecken oder Patellen**. Sie ernähren sich vom feinen Algenbewuchs auf den Steinen.

m sie zu sammeln, schlägst du mit einem Stein die obe-
e Spitze des Huts ein. Dadurch löst sich ein Muskel, der
en Unterdruck aufbaut. Die Schnecke kann jetzt vom
els genommen werden.

Den kompletten Inhalt auslösen, Schalenreste entfernen. Die Schnecke kann sogar roh gegessen werden. Außerdem gehört sie zu den besten Angelködern zum Fang von kleinen Fischen *(Staffel 3)*.

enig appetitlich scheinen die **Seewalzen oder Seegur-
en** zu sein, die völlig regungslos im Sand liegen. Durch
re stachelig-warzige Haut sehen sie so aus, als könnten
ie gefährlich sein. Sind sie aber nicht.

Die Seegurke gut abwaschen. Sie ist mit einem knirschenden Algenschleim belegt. Dabei zieht sich die Seegurke zusammen und wird fest. Falls das Tier an einer Seite schleimige Fäden ausstößt, diese nicht berühren, sie können nesseln.

ie Seegurke der Länge nach aufschneiden. Dabei vor-
chtig mit der Klinge umgehen – die Haut ist sehr robust
nd glitschig. Mit dem Messer nur flach eindringen, um
en sandgefüllten Darm nicht zu verletzen. Die Organe
uellen heraus.

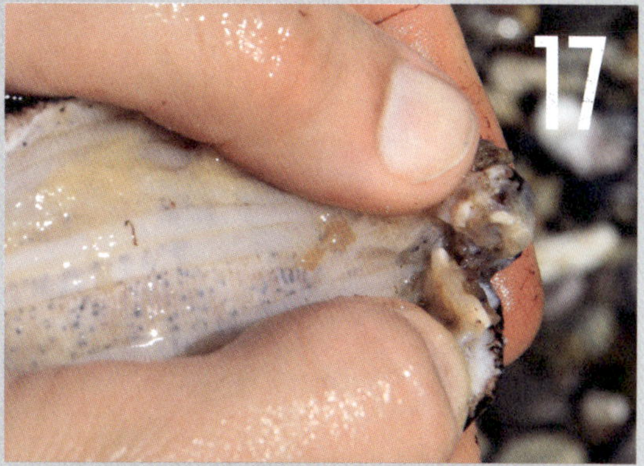

An einem Ende des aufgeschnittenen Schlauchs fühlst du feste Strukturen. Diesen Bereich keilförmig aufschneiden.

Das Innere gut abwaschen, in den kleinen Kammern der Innenwand sammelt sich einiges an Sediment. Die Seegurk in lange Streifen schneiden und kochen, bis sie nicht mehr ledrig ist. Das dauert ziemlich lange – ohne das Weich kochen ist sie hart wie eine Schuhsohle.

Seeigel grasen zu Hunderten die Felsen ab. Sie sind allerdings manchmal nicht so einfach zu erkennen, da sie sich mit Steinen und Muschelschalen tarnen.

Uns interessieren vor allem Arten, die ein etwa faust-großes Gehäuse haben. Die schwarzen, kleinen Formen kann man zwar im Notfall auch essen – sie enthalten aber nur sehr wenig Genießbares.

Arten mit langen und spitzen Stacheln sind oft giftig und können dich heftig verletzen. Drücke die Stachel mit einem Messer oder Ast beiseite und breche sie so ab, dass sie nicht stören.

Den Seeigel jetzt mittig halbieren. Klopfst du auf den Messerrücken, beachte, dass Seesterne ihre Stacheln i deine Richtung aufstellen können. Auch abgebrochene Stacheln sind gefährlich.

en Seeigel jetzt aufklappen. Du wirst viele helle, harte Kugeln finden. Sie sind ungenießbar. Essbar sind die großen ot-orangenen Organe, die in Einbuchtungen des Gehäuses liegen. Sie sind sogar roh essbar.

orsicht: Beim Sammeln von essbarem Strandgut wirst u auch **Meeres-Nacktschnecken und Würmer** entdeken. Finger weg! Sie sind meistens giftig und können ie der **Feuerwurm** heftig brennen.

Alles andere als angenehm sind außerdem **Anemonen und Quallen**. Berührst du sie, bleiben die Tentakel kleben und können schwere Nesselverletzungen verursachen.

URZE FRAGE:

u bist bei *Staffel 1* an deine Grenzen gekommen und darüber inausgegangen, musstest dann aber kurz vor dem Ende aufgeben. m Nachhinein: lieber mehr Ausrüstung oder lieber an die absolute ersönliche Grenze gehen?

ür mich war es genau die Experience, die ich mir on den 2 Gegenständen erhofft hatte. Mit Schlafack hätte ich mich um die intensive Erfahrung durch Nässe und Kälte beraubt.

FABIO

FUNKEN-JORIS

Mittlerweile ist Joris doch ein wenig frustriert. Es bricht aus ihm heraus: »Es geht einfach nicht an, egal, was ich versuche.« Schon seit mehr als einer Stunde versucht er, das dicht gepackte Häufchen aus Schwemmholz, Bambussplittern und Holzspänen mit dem Funkenstahl zu entflammen.

Manchmal scheint es, als ob eine Flamme entstehen möchte – Momente später erinnert aber nur eine kleine Rauchwolke an den Versuch. Wieder aus! Dabei ist Feuer genau jetzt eine der wichtigsten Ressourcen, um Wasser abzukochen, die Mücken fernzuhalten und nach Regenfällen trotz der schwülfeuchten Luft auch die Kleider zu trocknen. Aber es will einfach nicht zünden. Es scheint eigentlich ganz einfach – keine 5 Kilometer weiter nördlich fackelt Knossi mit derselben Methode beim Entzünden einer seiner Zigaretten fast eine ganze Palme ab – und Joris schafft nicht eine kleine Flamme? Für den Außenstehenden unerklärbar. Aber es hat gute Gründe, warum das Feuermachen für Joris ein Vielfaches schwieriger ist. Ohne Fasern von trockenen Palmen ist er an seinem schattigen Oststrand auf die klammen Stückchen Holz angewiesen, die sich einfach nicht entzünden wollen.

Hier reicht es nicht, ein paar Funken fallen zu lassen – eine richtige Strategie muss her.

Jm richtig starke Funken von einem Cerr-Stahlstift oder 'unkenstahl zu erzeugen, muss der Winkel stimmen. Jutze eine rechtwinklige Kante deines Messerrückens ınd lege ihn mit Druck in einem etwa 20°-Winkel auf den 'unkenstahl.

Wenn du das Messer nun nach unten ziehst, entsteht ein dicker Funkenstrahl. Einzelne Funken sind kaum in der Lage, etwas zu entzünden. Oft sind der Winkel des Messerrückens oder der Druck falsch gewählt.

Venn dein Brennmaterial empfindlich ist, zerschlagst du :s beim Streichen mit dem Messer. Hier kann es besser ein, das Messer stabil zu halten und den Funkenstahl ıach hinten wegzuziehen. Dabei bleibt der Funkenregen uch zentrierter.

Birkenrinde zu entflammen, ist keine Kunst. Schwieriger ist es mit Holz. Es geht mit feinstem Reisig. Richte deine Feuerstelle her und lege ein kleines Bündel der streichholzdicken Stäbchen hinein. Erst wenn das brennt, wird mehr Brennmaterial aufgelegt.

n den Tropen wird das aber nicht funktionieren. Zu eucht. Suche etwa daumendicke Äste und schäle sie. uch wenn sie außen feucht scheinen, innen sind sie neist trocken oder trocken genug, um anzubrennen.

Ist das Holz eher spröde, schneide viele feinste Späne ab und lege sie auf einen lockeren kleinen Haufen. Die einzelnen Späne sind deutlich unter einem Millimeter dick und breit und liegen in einem Knäuel, nicht in einem dichten Bündel.

Bei stabilerem Holz und Bambus kannst du feine Locken einschneiden. Nutze mehrere etwa 20 Zentimeter lange Stückchen, an denen die Löckchen verbleiben. Die Stücke erinnern an sogenannte Feathersticks, die Locken sind aber viel kürzer und kompakter.

Lege sie kreuzweise übereinander, sodass ein Gewirr aus den Locken entsteht. Diese Methode funktioniert sogar, wenn das Holz etwas feucht ist, da die einzelnen Löckchen so fein sind, dass sie schnell trocknen können.

Um klammes Material im feuchten Dschungel zu entflammen, musst du nun etwas vorarbeiten und ausprobieren. Lass den Funkenstrahl immer mit etwa 10 Sekunden Abstand an dieselbe Stelle fallen. Das trocknet das Material vor.

Sobald es hin und wieder glimmt und flammt, kratzt du vorsichtig mit wenig Druck feine Späne vom Stab herunter und lässt sie unter die Fasern fallen. Idealerweise bildet sich ein kleines zentrales Häufchen.

Jetzt einmal richtig Funken schlagen – das Häufchen brennt einige Sekunden in einem Feuerwerk ab und entzündet die vorgetrockneten Locken. Jetzt musst du sofort weiteren feinen Brennstoff auflegen.

Um die Flamme zu vergrößern, kannst du gröbere »Feathersticks« verwenden, bei denen die einzelnen Fahnen ein paar Milimeter dick sind. Wenn du eine richtige Grundflamme und etwas Glut hast, kann normales, feuchtes Holz aufgelegt werden.

SCHLITTENFAHRT

Man merkt sofort, dass es nicht das erste Mal ist. Sascha klemmt die feinen Kokosfasern in den Bambusschlitten und legt diesen auf die Reibekante. »Ich versuche jetzt einfach mal Feuer zu machen, auch wenn das sicher noch nicht trocken ist.«

Tatsächlich erkennt man deutlich, dass das dicke Bambusrohr, das er zwischen Hüfte und Boden klemmt, ziemlich nass ist. Ein wenig Feuchtigkeit beim Feuermachen mit der Bambussäge ist nicht unbedingt ein K.-o.-Kriterium. Das Material, aus dem Bambus besteht, ist dasselbe wie in Grashalmen und viel härter als Holz. Es hat eine dichte Struktur, sodass kaum Feuchtigkeit eindringen kann. Deshalb ist die Bambussäge nicht nur eine ziemlich zuverlässige, sondern **oft die einzige Methode, im feuchten Regenwald Glut zu erzeugen.** Bambus ist außerdem extrem abriebfest und wird deshalb beim Sägevorgang so heiß, dass die vorhandene Restfeuchte verdampft. Das gilt zumindest für Rohre, die zwar abgestorben sind, aber noch aufrecht standen und Regen abbekommen haben. Saschas Bambus lag vermutlich einige Zeit am feuchten Boden. Es könnte aber dennoch funktionieren. Er startet mit dem Reibevorgang und tatsächlich: Nach wenigen Momenten beginnt es deutlich zu qualmen. Allerdings macht sich die Erschöpfung der letzten Tage bemerkbar. Nach kurzer Zeit ist Schluss. Um eine Glut zu erzeugen, hätte es nochmal ordentlich Power gebraucht. Die Technik ist nämlich noch anspruchsvoller als das Feuerbohren und benötigt einige Kraft.

Du benötigst dicken, komplett durchgetrockneten Bambus. Grüne Halme kannst du getrost stehen lassen. Mit ihnen wirst du kein Feuer entzünden. Abgestorbene, trockene und noch stehende Halme findest du aber in jedem Bambusstrauch.

Mit der Machete ein Stück von etwa 50 Zentimeter Länge abschneiden. Idealerweise nutzt du einen Abschnitt, der keine Sprünge und nur wenige Knoten, also Verdickungen hat. Sie enthalten Wände und behindern das gleichmäßige Reiben.

Den Abschnitt der Länge nach halbieren. Dazu legst du die Machete auf den Abschnitt und schlägst mit dem Handballen in die Fasern. Weil alles im Bambus streng parallel verläuft, lässt er sich sehr einfach spalten.

Die Spalt- und Schnittkanten umgehend mit der Klinge abschaben. Sie sind so scharfkantig, dass du dich an ihnen verletzen kannst. Behalte die Locken als Zunder. Vorsicht beim Schaben von Bambus mit einer Klinge: Sie wird dadurch schnell stumpf.

Eine der beiden Hälften trennst du nochmals in der Mitte. Das wird dein Schlitten, in dem der Zunder aufbewahrt wird und über die Kante gerieben wird. Den Schlitten unbedingt entschärfen. Hier greifst du später mit voller Kraft zu.

In die Mitte des Schlittens eine kleine Kerbe quer zur Faser schneiden. Sie soll aber noch nicht wirklich tief hineingehen, sondern nur verhindern, dass du beim Anschleifen von der Schleifkante rutschst.

Ein Ende der Schleifkante abrunden und eines schräg anspitzen, damit du es in den Boden rammen kannst. Dieses Stück verdreht sich beim Sägevorgang oft und wird deshalb zwischen Brust und Boden geklemmt.

Von einem Stück Bambus Holzlocken herunterschaben. Dazu die Machete senkrecht in Faserrichtung über den Bambus kratzen. Idealerweise enden alle Locken an einem Punkt und du kannst die Wolle als einzelnes Bündel abnehmen.

Außerdem brauchst du einen dünnen Span. Den spaltest du dir aus der äußeren Schicht. Du knickst ihn 3-mal ein. Einmal zentral, dann jeweils zwei Finger weit davon entfernt in die entgegengesetzte Richtung.

Klemme jetzt die Locken mit diesem Span in den Schlitten auf Höhe der Stelle, an der die Kerbe eingeschnitzt ist. Der Zunder muss locker sitzen. Er nimmt während des Sägens den heißen Bambusabrieb auf.

Die Reibekante zwischen Brustbein und Boden klemmen. Den Schlitten von oben auf eine Kante legen. Zuerst langsam reiben, bis die Kerbe komplett durchgeschliffen ist. Dann mit viel Kraft und hoher Geschwindigkeit. Der Vorgang ist ziemlich anstrengend.

Du sägst, solange du kannst. Wenn es nicht mehr geht, hebst du den Schlitten vorsichtig an und bläst von unten hinein. Spätestens jetzt erkennst du, ob es geklappt hat. Siehst du Glut, überführst du sie in das Zundernest und entfachst die Flamme (Grundlagen).

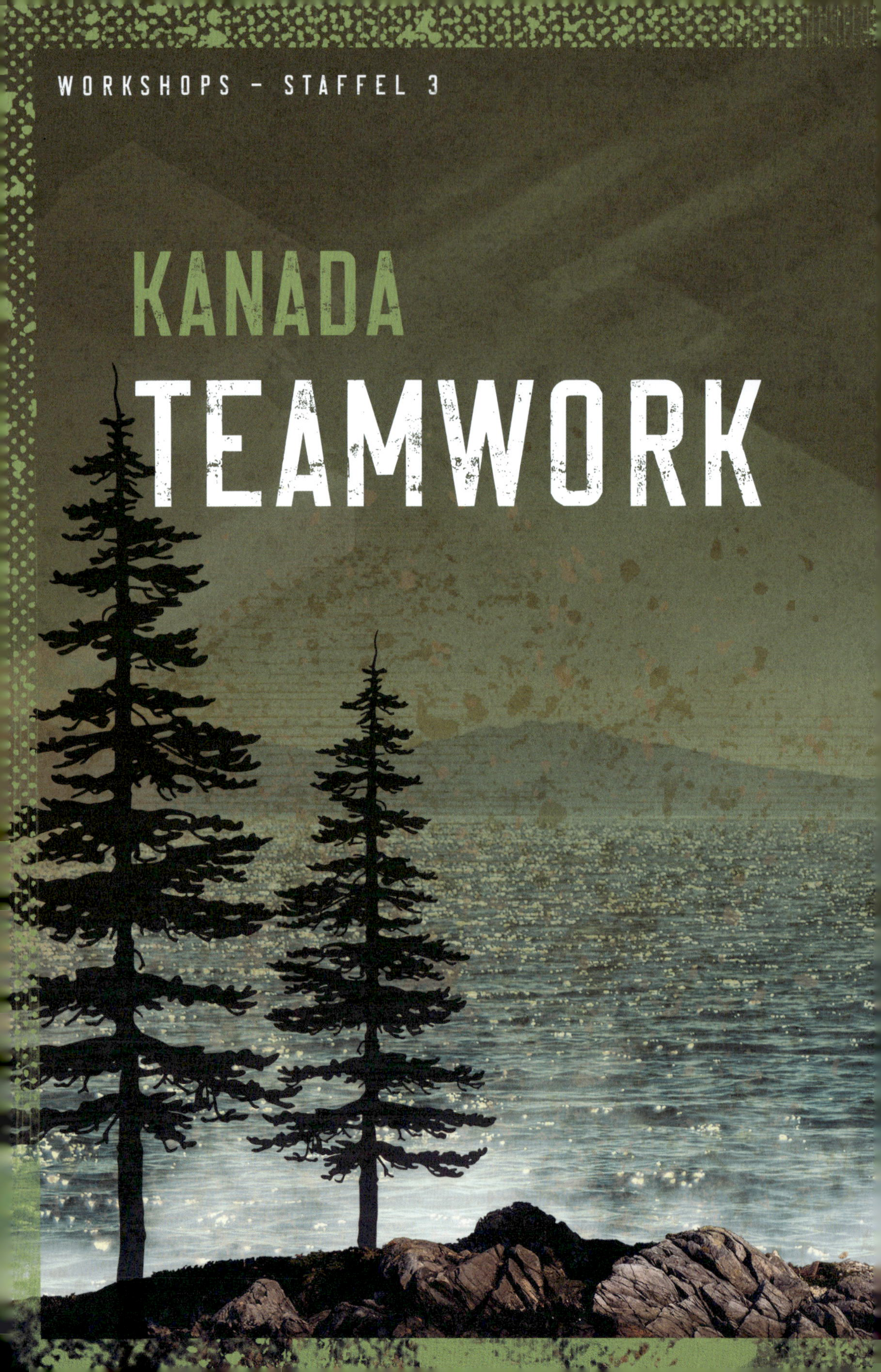
WORKSHOPS – STAFFEL 3
KANADA
TEAMWORK

Die Gischt peitscht dir ins Gesicht, während das Motorboot in einer weiten Kurve um die tief in die eiskalte See greifende Landzunge gleitet. Das hier wird also euer Spot sein. Das Boot kommt auf einem breiten Teppich an der Oberfläche treibender dunkelgrüner Tangstreifen zu stehen. Eine Armee aus Tausenden winzigen Fliegen erhebt sich für einen Moment vom Algenkissen. Es riecht nach faulem Fisch und Regen. Du begutachtest den Spot, an dem ihr zu zweit die nächsten 14 Tage als Team verbringen werdet. Ein Fluss mit gelbem Wasser wird seitlich von bis in den Himmel reichenden Zypressen flankiert. Dahinter beginnt der dichte und dunkle Wald mit all seinen Gefahren. Das wird also euer neues Zuhause sein. Bei den ersten knirschenden Schritten über die bleichen Muschelschalen auf dem breiten Strand seht ihr die ersten Spuren der eigentlichen Herrscher eures Waldes: **Das hier ist Wolfsgebiet!**

TIMBER!

Ob das gut gehen wird? Sascha kniet vor dem Stamm und sägt schon seit einigen Minuten mit der Handkettensäge dicht am Boden. Immer wieder knackt und kracht es verdächtig im Baum.

Aber er will einfach nicht fallen. Einige kleinere haben schon dran glauben müssen. Wer eine freie Lagerstelle haben möchte oder Bauholz braucht, muss eben auch mal das ein oder andere Bäumchen fällen. Knossi beobachtet die Szenerie aus vermeintlich sicheren 2 Metern, als der Baum plötzlich in Bewegung kommt. Sascha springt auf – eben kniete er noch dort, wohin sich der Stamm nun immer schneller neigt. Obwohl er kaum 20 Zentimeter dick ist, hat Sascha keine Chance, jetzt noch die Fallrichtung zu verändern. Mit lautem Krachen schlägt die Krone im nahen Flussbett auf – und glücklicherweise nicht auf Knossi oder der Notunterkunft.

Nochmal Glück gehabt. Ist so ein Baum erstmal in Bewegung, kann es wirklich gefährlich werden. Auch kleinere Bäume solltest du deshalb immer richtig fällen – mit Fluchtweg, Fallkerbe und zünftigem »Timber«-Ruf.

ACHTUNG!
Baumfällen gehört zu den gefährlichsten Tätigkeiten draußen. Es gibt zahlreiche Fehlermöglichkeiten.

chau Dir den Baum genau an. Lehnt er sich stark in eine ichtung, ist er dicker als 20 Zentimeter oder hat er Brü- he, Spalten oder eine kahle Krone, lass ihn lieber stehen nd such einen anderen, der einfacher zu fällen ist.

Lege als Erstes die Sturzrichtung fest. Suche einen Fluchtweg in die andere Richtung. Die Fallrichtung wird durch zwei Schnitte festgelegt. Reinige Arbeitsbereich und Fluchtweg von Unterbewuchs.

u beginnst damit, den Stamm einzusägen. Und zwar enau rechtwinklig zur Fallrichtung. Der Schnitt geht bis aximal zum hinteren Drittel des Stammdurchmessers. etzt sollte der Baum immer noch absolut bombenfest tehen.

Von oben in etwa 45° einen schrägen Schnitt in Richung Spalt anlegen, sodass er sich am Ende mit ihm vereinigt. Lieber die Kerbe im erstem Schnitt zu kurz setzen, als den Stamm hier ungewollt zu schwächen.

Den frei geschnittenen Keil schlägst du aus dem Stamm. Ab jetzt wird es ernst. Du machst etwa 2–3 Zentimeter oberhalb des ersten Schnitts den Fällschnitt.

Genau von der anderen Seite und genau waagerecht und bis maximal 2 Zentimeter vor den Kerbengrund. Es bleibt ein Streifen Holz als Scharnier stehen.

Mit Holzkeilen oder durch Druck auf den Stamm bringst du alles in Bewegung. Sobald du ein Knacken hörst und die Krone sich bewegt, rufst du »Timber!, um Umstehende zu warnen, beobachtest kurz, wohin der Stamm fällt.

Du läufst in die entgegengesetzte Richtung und entferns dich möglichst weit vom Stamm: Er kann jederzeit nochmal hochschlagen und dich treffen.

KURZE FRAGE:

Du bist bekannt als kleiner Tollpatsch. Was war der größte Misstritt, den du in Kanada gemacht hast?

Neben barfuß hacken... Ich wollte im Schlafsack liegend aus der Literflasche trinken und habe dabei das Wasser in den Schlafsack gekippt.

AFFE

HOT POT

la Mahlzeit. Rumathra und Trymacs betrachten mit wachsender ;kepsis den blauen Bauhelm, der über dem Feuer rußend vor sich in kokelt.

ass es bei 7vs.Wild manchmal eklig werden kann, war schon klar. Aber so sehr? Eigentlich hatten sie ihr Trinkwasser in inem Origami-Topf aus Kupferblech kochen ollen. Schon beim ersten Versuch wurde lar, dass das nicht klappen würde.

Statt eines Topfes hatten sie praktisch n Nudelsieb aus Kupfer. Ein Wasserfilter ar aber auch nicht in ihrer Ausrüstungsasche. Doch wie sollten sie denn sonst Waser zum Trinkbarmachen abkochen? Also usste der Helm herhalten.

In dünnen Kunststoffgefäßen geht das tatichlich, weil das Wasser die Hitze schneller ufnimmt, als das Plastik schmelzen kann. Gesund ist das trotzdem nicht. Der Bauhelm ist zum Kochen aber schlicht viel zu dick. Er isoliert das Wasser vor der Hitze. Bevor die Wärme also vom Wasser aufgenommen und so aus dem Kunststoff abgeführt werden kann, wirft das Material schon schwarze Blasen.Es riecht stechend nach brennendem Plastik. Das kann nicht die Lösung sein.

Irgendwann kommt ihnen die zündende Idee: Man kann doch irgendwie **mit heißen Steinen kochen**. Es klappt immerhin halbwegs – mit etwas Übung funktioniert das aber sicherlich noch besser.

Du kannst im absoluten Notfall auch mit einer PET-Flasche oder einer Plastiktüte kochen. Dadurch lösen sich allerdings zahlreiche Schadstoffe aus dem Kunststoff und können das Wasser belasten.

Um 2 Liter Wasser abzukochen, eine Mulde von etwa 10 Zentimeter Tiefe und 30 Zentimeter Durchmesser in den Boden scharren. Mach die Grube lieber tiefer als weiter, weil sich die Hitze sonst nicht gleichmäßig auf das Wasser verteilt.

Breite etwas Laub oder Stroh in der Grube aus. Damit isolierst du den »Topf« gegen die kalte Erde. Vor allem, wenn der Boden feucht oder gar gefroren ist, wird sonst so viel Hitze abgezogen, dass das Wasser kaum erhitzt werden kann.

Auf dieser Isolation breitest du die Folie aus und sichers sie am Rand gegen das Abrutschen. Gut eignen sich dick Tarps, Plastiktüten oder Regenjacken.

Breite flache Steine, Laubblätter oder dicht gebündelte Stängel ungiftiger Pflanzen darauf aus. Es darf keinen Kontakt zwischen dem heißen Stein und der Folie geben.

Such dir 3 oder 4 walzenförmige Heizsteine. Sie müssen nicht sehr groß sein, weil sie enorme Mengen Energie speichern können. Bei 2 Litern Wasser sind Steine von der Größe einer Zitrone völlig ausreichend.

)ie Steine in das Feuer legen und Holz dazwischen und
larauf verbrennen. Sie nehmen relativ langsam Hitze auf.
Gib ihnen etwa 10 Minuten, bis sie richtig heiß sind. Das
st dann der Fall, wenn der Ruß auf den Steinen zurück-
geht.

Nimm den ersten Stein aus dem Lagerfeuer. Nutze dazu zwei Astgabeln und sei vorsichtig! Der Stein ist jetzt glühend heiß – du wirst ihn auch mit Handschuhen nicht mehr halten können.

ege den ersten Stein ins Wasser. Es wird sofort lebhaft
ischen und sprudeln. Warte etwa drei Minuten – so lange
ibt der Stein noch Hitze ins Wasser ab. Rühre während-
essen ein wenig um.

Nimm dem nächsten Stein aus dem Feuer und platziere ihn ebenfalls im Wasser. Nach etwa drei Minuten entnimmst du den ersten und tauschst ihn gegen einen frischen Stein aus dem Feuer aus.

UNGESUND

Qualm von brennendem Plastik ist weit gefährlicher und giftiger als der normale Lagerfeuerrauch. Außerdem können sich beim Kochen in Plastikgefäßen ungesunde Stoffe wie Phthalate, Bisphenole und PFAS herauslösen. Im Notfall sind diese Stoffe aber weniger gefährlich, als zu verdursten oder an Keimen zu erkranken. Wenn möglich, nutze Holz oder Metall.

BUDDELFISCH

»Da sind ja lauter kleine Fische im Wasser!«, ruft Hannah begeistert, als sie bei zurückgehendem Wasser die Rockpools betrachtet. Allerdings sind die viel zu schnell, als dass man sie einfach so einsammeln könnte.

Ein Kescher wäre jetzt wirklich Gold wert. Um die flinken Flossenträger zu fangen, kann man sich aber auch eines einfachen Systems bedienen: einer Reuse. Und zwar keine aus Hunderten miteinander verwobenen Halmen, wie Ureinwohner sie bauen würden, sondern eine Flaschenreuse.

Dabei greift man auf eine der häufigsten Hinterlassenschaften des modernen Menschen zurück, die du leider an jedem verlassenen Strand finden wirst. **Die Plastik-PET-Flasche, Milchkanister oder Wasserbehälter, die von der Brandung angespült wurden.** Damit kannst du eine kleine und sehr effektive Reuse bauen, in die Fische hineinschwimmen, aber nicht mehr herausfinden. Der Vortei daran ist, dass du mehrere dieser Reusen im Wasser platzieren kannst und parallel »angelst«, während du dich mit dem Lagerbau oder Beerensammeln beschäftigen kannst.

ACHTUNG!
Wichtig ist, dass du Dir genau merkst, wo die Reusen liegen – vergisst du eine im Wasser, ist das eine dauerhafte Todesfalle für die Fische.

Such eine große PET-Flasche oder einen großen transparenten Kanister. Ist das Material klar und durchsichtig, ist es ideal. Wenn du unmittelbar am Strand keine findest, schau weiter im Landesinneren im Gebüsch und unter größeren Bäumen. Hierhin werden sie oft verweht.

Nimm ein Messer oder eine Säge und trenne den sich verjüngenden Teil ab. Achte darauf, dass du einen etwa 2 Zentimeter breiten Streifen des größten Durchmessers am Trichter stehen lässt. Achtung: Beim Schneiden von PET bricht der Schnitt gerne in eine andere Richtung aus.

Für sehr kleine Fische und Garnelen lässt du den Flaschenhals einfach so. Sollen es bis 5 Zentimeter große sein, musst du die Flaschenmündung entfernen. Hier ist das Material ziemlich dick und man rutscht schnell ab – entsprechend vorsichtig arbeiten.

Schneide viele kleine parallele Fähnchen in den Trichter. Lege ihn am besten über ein Holz und schneide in Richtung der kleinen Öffnung. Achte dabei darauf, dass am Trichterrand mit dem großen Durchmesser noch gut 3 Zentimeter nicht eingeschnitten werden.

Die Fähnchen jetzt ein wenig nach innen biegen. Sie leiten nach Futter suchende Fische ins Innere, verhindern aber, dass sie die Reuse wieder verlassen. Durch die Fähnchen kann sich dann auch was Größeres wie eine Krabbe reindrängen und gefangen werden.

In den Flaschenkörper einige flache Steine legen, die mit ihrem Gewicht die Reuse am Boden halten und einen »natürlichen« Untergrund simulieren. Zusätzlich kommt ein Köder in den Flaschenkörper. Eine aufgeschlagene Muschel, Fischinnereien, ein zerdrückter Seeigel.

Den Konus jetzt mit der dünnen Seite in den Flaschenkörper aufsetzen. Er muss nun fixiert werden, sonst löst er sich in der Brandung. Einige Löcher durch die doppelte Plastikschicht bohren.

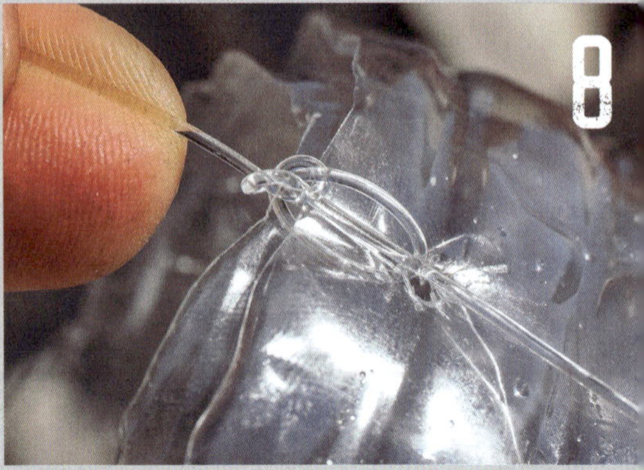

An mindestens 2 Stellen wird der Reuseneingang in den Hauptkörper befestigt werden. Das geht ganz einfach mit Leine und einem Knoten.

Außerdem eine Leine an der Reuse befestigen, damit sie gesichert werden kann. Die Reuse ist jetzt einsatzfertig.

Platziere sie an einer ruhigen Stelle im Wasser. Ein paarmal am Tag schaust du vorbei, um den Fang abzusammeln und den Köder auszutauschen.

Wenn du Einsiedlerkrebse oder Schnecken fangen möchtest, kannst du das gleiche System benutzen. Dazu nutzt du alten Fisch als Köder und gräbst die Flasche mit der Öffnung nach oben am Strand ein.

Die Schnecken und Krebse riechen das, krabbeln in die Öffnung und fallen hindurch in das Sammelgefäß, wo du sie mindestens einmal täglich entnimmst.

KLEINE FISCHE

Absolute Euphorie! Der erste Winzling ist im Kescher. Knossi und Sascha liegen sich in den Armen und jubeln: »Der *Hirsch* funktioniert!« Lohnt sich so ein kleines Fischlein eigentlich überhaupt?

Und wie! Alles ist besser – als nichts. Und wenn es eine halbe Hummel ist. Nahrung gibt dir Motivation, dem Magen etwas zu arbeiten – und ein wenig Energie hat alles. So ein Winzling ist also auf jeden Fall die Mühe wert!

In vielen Kulturen werden bevorzugt kleinere Fische gefangen und gegessen. Die kleinen Dinger haben einige Vorteile. **Kleine Fische findest du viel häufiger als größere Exemplare und sie sind auch viel weniger vorsichtig.** Sie geraten in Schwärmen schnell in einen Fressrausch, wo sie alles fressen, was auf die Wasseroberfläche fällt. Deshalb lassen sie sich auch einfach und in größeren Mengen fangen. Außerdem leben sie nah am Ufer oder auch in kleineren Flüssen, wo sich kaum größere Exemplare hintrauen. Man kann sie superschnell ausnehmen und einfach über dem Feuer zubereiten.

ACHTUNG!
Ganze Fische werden mit Haut und Gräten gegessen – gut kauen, sonst besteht Erstickungsgefahr.

Viele kleine Fische sind viel schneller geangelt als dasselbe Gewicht als Einzelfisch. Kleinfische leben näher am Rand und außerdem ist das Risiko viel geringer, dass Haken oder Leine verloren gehen.

Kleine Fische lassen sich nicht so einfach mit einem Holz »abschlagen«. Schneller ist es, sie mit dem Kopf voran auf den Boden zu schleudern oder mit einem starken Fingerschnipp auf den Kopf zu betäuben.

Weil es bei Kleinfischschwärmen oft schnell gehen muss und es mit dem Messer wegen der Größe zu gefährlich ist, wird der Kopf nach hinten überstreckt, bis der Kiemensteg reißt und die Wirbel brechen.

Auch Kleinfisch kann ziemlich große Schuppen haben. Wegen der geringen Größe ist es besser, nur mit dem Messerrücken zu schuppen – sonst landet die Klinge schnell in der Hand.

Es gibt zwei Methoden zum schnellen Ausweiden von Kleinfischen. Schneide den Kopf direkt vor den Brustflossen komplett ab.

Schneide jetzt den kompletten Bauchraum von der Wirbelsäule hinter dem Kopf bis zur Kloake ab. Dabei geht nur wenig Fleisch verloren.

Unter dem Rückgrat liegen jetzt noch Schwimmblase und Niere. Entferne beide, wenn du sie nicht essen möchtest. Mit dem Daumennagel herauskratzen und den Fisch abwaschen.

Die Alternativmethode geht sogar noch schneller und eignet sich, wenn du viele Fische verarbeiten musst. Schneide mit dem Messer hinter dem Kopf in Richtung Bauch.

Lege das Messer in Kopfrichtung leicht schräg und schneide nicht mehr weiter, sondern klemme Kopf und daran hängende Organe fest. Ziehe den Fisch nach hinten.

Kleinfische lassen sich besonders gut direkt am Feuer grillen. Sind sie richtig kross gebraten, lassen sich die meisten Gräten mitknuspern.

KURZE FRAGE:

Was sagt der Leistungssportler in dir: Was ist bei 7vs.Wild am wichtigsten: Mindset, Technik, Ausdauer oder Spaß an der Sache? Und warum?

Das Mindset war der Grund durchzuziehen. Aber: Ohne Technik und Ausdauer bringt das beste Mindset nichts. Und wenn dir die Fettreserven fehlen – das habe ich gemerkt. Der Spaß ist nicht ausschlaggebend. Du machst beim Survival, was notwendig ist, um zu überleben.

SASCHA

BUSCH-HUMPEN

Nach über 10 Stunden allabendlicher Arbeit ist es endlich so weit. Während Rumathra den Holzstumpen festhält, trennt Trymacs seinen mühevoll ausgebrannten Becher heraus.

Er bewertet die noch etwas grobe Form lakonisch: »Tasse oder Schüssel wird es nicht – das wird ein Krug!« Dafür, dass er das noch nie gemacht hat, sieht der Rohling wirklich toll aus. Das macht ihn auch ein wenig stolz. Mit dem Fassungsvermögen ist er ebenso zufrieden wie mit der Form. Ein wenig muss sie zwar noch feiner ausgearbeitet werden und der Henkel braucht noch ein Loch – aber sonst ist es wirklich eindeutig ein hübscher Holzhumpen geworden. Zwischenapplaus von Wieland. Dabei ist der letzte Arbeitsgang gar nicht so ohne. Beim Ausarbeiten der äußeren Form mit dem Messer splittern große Stücke aus dem Rohling. Ein falsch gesetzter Schlag – und der Becher hat zwei Hälften. **So ein Gefäß leistet aber wertvolle Dienste beim Überleben in der Natur.** Mit ihm können nicht nur Beeren gesammelt, Wasser und Suppe geschöpft werden, sondern in ihm lässt sich auch Wasser zum Trinkbarmachen abkochen. Dass ein Holzgefäß in diesem Fall nicht direkt auf die Glut gepackt werden sollte, sondern das Wasser mit heißen Steinen erhitzt wird, versteht sich von selbst. Um die Gefahr des Reißens zu reduzieren, wird bei der Produktion der traditionellen Holzkuksa, wie diese Art von Becher genannt wird, eigentlich auf Knollenholz zurückgegriffen, das kaum springt, aber sich auch nicht so einfach spalten oder bearbeiten lässt.

äge ein Stück Weichholz zurecht. Am besten eignet sich ·ockene Linde oder Fichte. Leichte Hölzer brennen ein-acher aus und halten Spannungen im Holz besser aus. llerdings kannst du tatsächlich aus jedem Holz eine chale machen.

Spalte etwa ein Drittel längs vom Holz herunter. Es entstehen zwei Teile mit einer geraden Fläche. Zeichne in 2 Zentimeter Abstand zum Rand die Form ein. Es wird in unserem Fall eine längliche Schale. Du kannst aber natürlich jede andere Form herstellen.

ege eine ordentliche Menge glühendes Holz aus dem agerfeuer in die Form. Dort, wo die Glut das Holz be-ihrt, verdampfen die Fasern buchstäblich. Kratze das erkohlte Holz regelmäßig aus der Form.

Schneller geht das, wenn du die Kohle von oben auf den Rohling drückst und dabei kräftig in den Spalt bläst. Dabei wird die Mulde aber auch dem Luftstrom folgend seitlich erweitert. Deshalb hin und wieder die Seite, von der aus du in den Spalt bläst, wechseln.

chneide und kratze das verkohlte Holz aus. Idealer-eise schleifst du die Schale innen noch mit einem rauen tein, bis keine schwarzen Stellen mehr zu sehen sind. ·tzt geht es an die Ausarbeitung der äußeren Form.

Schneide von außen das Holz herunter, bis die Wände deine Schale minimal einen Zentimeter stark sind. Vor allem an den Stirnseiten lieber mehr Holz stehen lassen. Dieser Bereich springt besonders gerne.

ROT IST TOT

Mit weit aufgerissenen Augen starrt Knossi Sascha an. Aufsteigende Panik. Was haben sie da nur gemacht? »Rot! Das ist Red Tide!«

Eben haben sie sich noch gefreut: Ein paar Miesmuscheln vom Strand sollten das Abendessen werden. Nach einigen Minuten in der Glut am Boden der Bushbox waren die Schalen spröde und das Muschelfleisch schien durchgebacken zu sein. Es roch normal. Es schmeckte normal. Aber da hatten sie doch vor der Aussetzung im Bus was aufgeschnappt. Muscheln können im Falle einer Algenblüte oder »Red Tide« gefährlich werden. Sie filtern bei der Red Tide Millionen von giftigen Kleinstlebewesen und können tödlich sein. Und die Muschel, von der sie eben noch gegessen hatten – war rot!

Die Keime der Red Tide vermehren sich besonders stark im Sommer, wenn genügend Nährstoffe im Wasser sind. **Man sagt: »Sammle Muscheln nur in Monaten mit *r*.«** Die Red Tide heiß nicht ohne Grund so. Bei einer Massenvermeh rung ist das Wasser deutlich farbig und schlierig trüb, schaumig und sieht unappetitlich aus. Zwar können auch kleine Mengen von Algen zu Vergiftungen führen und es war August, aber e gab keine Anzeichen für eine solche Algenpes Im Gegenteil. Das Wasser war klar und sauber. Die rötliche Farbe der gebackenen Muschel war völlig normal und kein Anzeichen für Red Tide. Dennoch gibt es einige Dinge, die du bei Muscheln beachten solltest.

ammle keine Tiere zum Essen, wenn das Wasser sehr
arm und trüb ist, stark fischig oder faulig riecht oder
ine deutliche Färbung mit Schlieren auf der Oberfläche
at. Außerdem sind tote Fische und Krebse am Ufer kein
utes Zeichen.

Muscheln, die angespült wurden oder sehr lange in der Ebbe trocken gefallen waren und deshalb vielleicht tot sind, verderben sehr schnell. Isst du solche, kannst du dich schwer vergiften.

eshalb Muscheln immer einzeln »pflücken«. Du sam-
elst immer nur solche, die noch komplett geschlossen
ind oder sich bei Störung schließen. Bleiben sie offen
tehen, obwohl du sie berührt hast, lass sie liegen!

Muscheln sind an ihrer Schale oft mit Sediment, Algen und Schleim bedeckt. Das schmeckt nicht sonderlich gut und knirscht zwischen den Zähnen. Walke und wasche sie und wechsle das Wasser immer wieder, bis es klar bleibt.

etzt kannst du sie zubereiten. Entzünde ein Feuer und
asse es auf die Glut hinunterbrennen. Leg die Muscheln
it der Öffnung nach oben direkt in die Glut. Es dauert
ur wenige Momente, bis die beiden Schalen aufklappen.

Muscheln, die sich jetzt nicht geöffnet haben, wegwerfen. Sie könnten verdorben sein. Grille die Tiere nur so lange, bis das Innere nicht mehr schleimig ist oder blubbert und das komplette Wasser verdampft ist.

Alternativ gibst du die Muscheln einzeln in kochendes Wasser und lässt sie einige Minuten darin ziehen. Wenn die Muschelschalen sauber waren, kannst du auch den Sud trinken. Er enthält Eiweiß und Mineralien.

Bist du dir unsicher wegen Red Tide, und bist du auf das Essen angewiesen, nimm ein kleines Stückchen kurz gekochtes Muschelfleisch unter die Lippe. Red Tide erzeug ein Nervengift, das betäubt. Wird die Stelle deutlich taub ist die Muschel giftig!

Du kannst im Zweifel alle weichen Teile der Muschel entfernen. Das sind vor allem Magen und Leber. Wenn das Wasser Giftkeime hatte, sind die vor allem hier drin gespeichert.

Übrig bleibt der reine Muskel der Muschel – pures Eiweiß. Vor dem Essen gut waschen. Der Muskel ist in den meisten Fällen der sicherste Teil und kann im absoluten Notfall sogar bei »echter« Red Tide gegessen werden.

BUNTES WASSER

Massenvermehrungen von Algen sind immer ein schlechtes Zeichen. Zwar kann eine Algenblüte im Sommer auch spontan entstehen, meist weist sie aber auf Verunreinigung des Wassers durch Einleitung von großen Fäkalien- oder Düngermengen hin. Wenn Meeres- oder Flusswasser durch Algen stark farbig trüb ist, das Gewässer nach Möglichkeit meiden.

SCHICHTSYSTEM

angsam tropft die gelbe, noch siedend heiße Brühe in das seltsame Gefäß, das Rumathra in der Hand hält. »Nicht auf meine Hände bitte!« Trymacs kippt langsam nach.

Die Konstruktion des improvisierten Wasserfilters basiert auf der guten alten PET-Flasche und ist recht simpel. Vor allem scheint sie vorläufiger Höhepunkt beim Versuch zu sein, trinkbares Wasser aus dem Rinnsal am Strand zu gewinnen. Nach dem mäßig erfolgreichen Versuch, im Helm zu kochen, wurde das Wasser in einer großen, aufgeschnittenen PET-Flasche mit heißen Steinen erhitzt. Einmal gut aufgekocht und abgekühlt ist das Wasser ziemlich sicher trinkbar. **Die meisten Bakterien sterben schon bei etwa 60 °C ab.** Dabei wird aber auch ordentlich viel Asche und Kohle an das Wasser abgegeben. Um die zumindest wieder zu entfernen, haben sich beide einen Filter gebaut. Das Material liegt überall rum. Eine PET-Flasche mit entferntem Boden und durchlöchertem Deckel. Außerdem ein paar Filtermaterialien im Gefäß selbst. Sickert das Wasser hindurch, werden die groben Schwebstoffe zurückgehalten. Neben dieser Minimalversion gibt es aber tatsächlich die Möglichkeit, einen Wasserfilter aus einer Flasche und natürlichen Filtermedien herzustellen. Dazu muss man aber wissen, dass das damit gefilterte Wasser immer noch Keime enthalten kann – die Anzahl ist aber deutlich reduziert. Entsprechend versucht man, schon so sauberes Wasser wie möglich in den Filter zu kippen.

Für deinen Filter brauchst du mindestens eine PET-Flasche oder ein anderes Gefäß. Dabei müssen die Seitenwände richtig dicht sein. Die Flasche in rund 5 Zentimeter Entfernung zum Boden teilen.

Als Filtermedium brauchst du möglichst feinen Sand. Du findest ihn häufig in den Außenkurven von Flussbetten. Nutze nur Sand, der nicht faulig riecht oder dunkle Verfärbungen hat.

Weil der Sand aus dem Fluss selbst wahrscheinlich Keime enthält, breite ihn auf einer trockenen Oberfläche aus und wende ihn für eine Stunde regelmäßig. Die Sonnenstrahlen sind in der Lage, die Bakterien zu töten.

Außerdem brauchst du etwas Kies, Pflanzenfasern oder Stoffreste und klein gebrochene Kohle aus dem Lagerfeuer. Die Kohle kann organische Stoffe und Geschmack binden. Sie ist aber nicht so gut wie echte Aktivkohle.

Mache 2 seitliche Bohrungen in den oberen Rand des langen Flaschenteils und knote hier eine Leine zum Aufhängen ein. Das Filtern dauert seine Zeit und du kannst den Filter nicht dauerhaft halten.

Ein kleines Loch in den Flaschendeckel bohren. Das reduziert den Durchfluss auf etwa einen Tropfen je Sekunde. Je länger das Wasser in der Kohlestufe des Filters bleibt, desto mehr Stoffe können gebunden werden.

on innen den Flaschendeckel mit etwas Gewebe ab-
ecken. Fülle eine rund 3 Zentimeter dicke Schicht Kohle
in. Verteile das Granulat gut, sodass die Schicht auch
is zu den Außenwänden reicht.

Wieder etwas Gewebe einlegen, dann kommt eine 10 Zentimeter hohe Sandstufe. Sie ist die dickste und reduziert die Keime. Hier dürfen wirklich keinerlei Lücken mehr vorhanden sein. Danach noch etwas Kies für ganz grobe Schwebstoffe.

ie ersten zwei Durchläufe werden mit Wasser gemacht,
das du etwas Lehm mischt. Die feinsten Schwebestof-
sind etwa so groß wie Bakterien. Wenn sie zurückge-
alten werden, ist der Filter richtig gebaut.

Beim ersten Durchlauf kommt noch Kohlestaub mit – das Wasser im Auffangbehälter ist noch leicht trüb. Nach dem zweiten Durchlauf sollte das Wasser klar herauskommen. Jetzt kannst du dein Trinkwasser behandeln.

WORKSHOPS – STAFFEL 4
NEUSEELAND
EISIGE
HÖHE

Plötzlich wird es hektisch. Es geht los! Über Monate hast du dich genau auf diesen Moment vorbereitet, ihn herbeigesehnt, gefürchtet. Und jetzt ist es wirklich so weit. Die Türen werden von außen geschlossen, während die Rotoren immer schneller werden und die beiden Helikopter unerwartet schnell abheben. Durch die matten Scheiben der verblendeten Brille erkennst Du die Umgebung nur schemenhaft, Orientierung unmöglich. Wenige Minuten später setzen die Kufen knirschend auf Fels und Eis auf. Die Turbinen surren noch nach. Dann: absolute Stille. Wie betäubt stehst du auf wackeligen Beinen vor dem Wrack eines abgestürzten Flugzeugs und blickst in die unsicheren, aber vertrauten Gesichter der 6 anderen, von denen du dich eben noch verabschiedet hast und mit denen du hier 2 Wochen verbringen wirst. Die beißende Kälte kriecht schon jetzt unaufhaltsam durch deine Kleidung. Die Herausforderung, die so manche aus der Gruppe brechen wird, beginnt. Jetzt.

FUNKEN-GERÄT

Der Boden vor dem Flugzeug ist mittlerweile eingeebnet und für die Isolation vorbereitet. Jetzt geht es darum, die Feuerstelle anzulegen. Joey beginnt, mit Schlägen des Breaching-Tools einen kleinen Graben auszuheben.

Ein Schlag landet auf einem Stein und ein feiner Funke fällt auf den vereisten Boden und verlischt. Wäre das nicht eine Entzündungsmethode? Prinzipiell ja. Feuer schlagen mit dem seltenen Mineral Schwefelkies und Feuerstein ist eine steinzeitliche Entzündungsmethode. **Aber mit dem Funken allein ist es nicht getan.**

Du brauchst Zunder aus feinsten, trockenen Fasern. Vor allem dieser Zunder ist im kalten Tal nicht so einfach aufzutreiben. Feuerschlagen ist eine richtig komplexe Technik – die Rohstoffe dafür wurden schon in der Steinzeit über viele Tausend Kilometer transportiert und gehandelt. Nicht ohne Grund hat es entwicklungsgeschichtlich ziemlich lange gedauert, bis der Mensch das Feuerschlagen mithilfe von Feuerstein wirklich zuverlässig nutzen konnte.

Du brauchst zum Feuerschlagen aber nicht unbedingt die traditionellen Matrialien wie Pilzzunder, Schwefelkies und Feuerstein. Mit der richtigen Kombination von modernen Materialien ist es ebenfalls möglich, Glut zu erzeugen. Das erfordert aber einiges an Vorbereitung und Geduld. Die Survival-Technik ist vor allem dann besonders hilfreich, wenn schon mal ein Feuer entzündet werden konnte.

ür die Funken brauchst du zuerst einen möglichst harten
stein. Klar, am besten sind natürlich Feuersteine, aber
uch mit richtig harten Flusskieseln funktioniert das.
Brich den Stein durch, sodass scharfe Kanten entstehen.

Die benötigten richtig heißen Funken entstehen beim Kontakt zwischen Stein und Eisen. Dabei werden brennende Eisensplitter erzeugt. Suche alles aus Stahl zusammen, das du dabeihast, Axtkopf, Messer, Besteck und so weiter. Je härter, desto besser.

'este durch. Wenn du beispielsweise den Messerrücken
nit hoher Geschwindigkeit an der Steinkante vorbei-
leiten lässt, sollten lange glühende Funken entstehen.
Viederhole diesen Vorgang, bis du zuverlässig Funken
nachen kannst.

Bist du in einem Wald mit Baumpilzen, hast du vielleicht Glück und findest einen passenden Zunderpilz. Er wächst oft in feuchten Ecken. Du suchst einen abgestorbenen, trockenen, der aber noch keine Würmer hat.

Schneide ihn auf. Der richtige Pilz hat eine filzartige
Schicht oberhalb der Röhren. Schneide eine Scheibe
eraus und halte sie an die Unterlippe. Ist das Material
rocken, fühlt es sich warm an. Feuchter Pilz funktioniert
icht.

Raue mit dem Messer die Oberfläche so auf, dass ein feines, fluffiges Polster entsteht. Sammle etwa einen halben Teelöffel davon. Aber Achtung: Dieses Material wird vom leichtesten Windhauch weggeweht.

Zum Feuerschlagen hältst du den Stein über das Häufchen und versuchst, einen der Funken darauf zu landen. Du wirst einige Versuche brauchen, bis der Zunder den Funken wirklich gefangen hat.

Einen alternativen Zunder kannst du aus Baumwollkleidung herstellen, wenn du schon mal ein Feuer entzünden konntest. Trenne ein Stück aus der Innentasche oder einem Hosensaum heraus.

Einmal anzünden und abflammen lassen, dann mit einem Stein abdecken. Es entsteht ein schwarzer, brüchiger Zunder, das sogenannte Charcloth. Der Zunder ist vor allem dann interessant, wenn du einen Plan B brauchst, falls dein Feuer verlöscht.

Ein Stück des Baumwollzunders legst du auf den Feuerstein. Funken schlagen. Der Zunder wird dabei oben an der Kante entzündet. Glühenden Zunder kannst du in das vorbereitete Zundernest überführen und entflammen.

KURZE FRAGE:

14 Tage Kanada oder Berge? Ein Kinderspiel für Joey. Wie sähe eine wirklich anspruchsvolle Staffel für dich aus?

Fritz hatte da was vorgeschlagen. Elitestaffel: 7 Profis, 7 Gegenstände und 30 Tage lang solo. Ich glaube, da könnte ich echt an meine Grenzen kommen. So eine Herausforderung würde ich sofort annehmen!

JOEY

BLÜMCHENKAFFEE

»Möchtest du noch mehr?« Joey grinst verschmitzt und antwortet: »Nein danke, vielleicht später!« Während ich mich als Distel-Barista betätigt habe und selbst alles Kaffeeartige aufschlürfe, ist Joey überhaupt kein Kaffeetrinker.

Dass er aber überhaupt hier oben in den eisigen Höhen in einer kleinen, schmutzigen Dose ein Gebräu gereicht bekommt, das deutlich an Kaffee erinnert, überrascht ihn dennoch.

Dieser Kaffeeersatz wird auch Muckefuck genannt und war besonders in Notzeiten gefragt. Traditionell wird er aus den Wurzeln der wilden Zichorie oder Wegwarte gemacht, die weltweit in vielen Regionen an Wegrändern und Pfaden wächst und im Sommer wegen ihrer blauen Blüten einfach erkannt werden kann. Hier, auf rund 600 Meter Höhe im Frühwinter, ist allerdings überhaupt nichts von Wegwarten zu sehen. Glücklicherweise ist man beim Brauen von »Blümchenkaffee« nicht auf die Wegwarte beschränkt. Eine ganze Reihe von Pflanzen eignet sich dafür. Voraussetzung ist, dass die Pflanze essbar ist und weiche große Wurzeln hat.

Neben zahlreichen Distelarten und Löwenzahn kann man für den Kaffeeersatz auch beispielsweise Klettenwurzeln verwenden. Jede Pflanze schmeckt etwas anders – deshalb ist das Aroma des Kaffees auch immer ein ganz eigenes.

Leider hat der Kaffeeersatz kein Koffein. Deshalb ist es vor der persönlichen Challenge hilfreich, sich davon zumindest entwöhnt zu haben. Dennoch ist der Blümchenkaffee eine willkommene Abwechslung vom Flusswasser und dünnem Hagebuttentee.

Außerdem ist er bei Magenproblemen hilfreich. Die Bitterstoffe in der heißen Brühe fördern die Magentätigkeit und Darmbewegung und können helfen, wenn man morgens aufgrund von Jetlag und Ballaststoffmangel nicht so richtig auf den Pott gehen kann.

PROFI-TIPP

Bitterer Kaffeeersatz ist ein viel besseres Digestif als Magenbitter mit Alkohol, der die Verdauung träge macht und das Gegenteil bewirkt.

Am einfachsten machst du deinen ersten Blümchenkaffee mit Löwenzahn oder Wegwarte. Die Wurzeln dieser Pflanzen sind saftig und weich und die Pflanzen lassen sich gut erkennen. Nicht wundern: Pflanzen dieser Gruppe haben einen ungiftigen Milchsaft.

Sammle für je 100 Milliliter Kaffee etwa 50 Gramm der frischen Wurzeln. Dazu stichst du mit einem Grabstock seitlich an der Pflanze ein. In etwa 10 Zentimeter Tiefe die Wurzeln durchtrennen und die Pflanze aus dem Boden hebeln.

Das Blattgrün etwas oberhalb des Ansatzpunktes der Blätter abschneiden. An dieser Stelle liegt der dickste Teil der Wurzel, quasi das »Salatherz«. Ebenfalls die ganz feinen Wurzeln abschneiden. Sie verbrennen beim Rösten zu schnell.

Die Wurzeln einige Minuten einweichen und abbürsten, bis kein Sand oder kleine Steinchen mehr vorhanden sind. Haben die Wurzeln braune Fraßstellen oder verholzte Teile, die nun ebenfalls verwerfen.

Jetzt die Wurzeln in gleichmäßige Stücke zerkleinern. Am oesten eignen sich Scheiben mit etwa 2 Millimeter Dicke. Größere Wurzelteile erst in Streifen schneiden und dann n Würfelchen zerteilen. Je gleichmäßiger das wird, desto oesser das Röstergebnis.

Jetzt wird geröstet. Dazu eine Konservendose ausglühen und auskratzen. Den dabei entstehenden Rauch nicht einatmen! Alternativ eine Stahlpfanne oder einen flachen Stein nutzen. In der Glut platzieren und aufheizen lassen.

Mach Dir währenddessen ein Rührstäbchen aus einer oreiten Astgabel. Damit wendest du beim Rösten die Vurzelstückchen ständig. Es muss also lang genug sein, damit du dich nicht durch die Hitze des Feuers ver-orennst.

Ist das Gefäß richtig heiß, die Wurzeln hineingeben. Zuerst wird Dampf aufsteigen. Das ist die Feuchtigkeit, die verloren geht. Gleich zu Beginn mit dem Wenden anfan gen. Die Stückchen von einer Seite des Topfs zur andern schieben und wieder verteilen.

Venn die Wurzeln trocken sind, fangen sie an zu rösten. Die Röstpfanne verströmt nun den Duft von frisch gebackenem Brot. Die Stückchen werden erst braun, dann mmer dunkler, bis sie fast schwarz sind.

Vorsicht: Kleinere Partikel verbrennen schnell. Das passiert auch,wenn du einen Moment nicht aufpasst und die Wurzeln nicht gewendet werden. In diesem Fall vorsichtig in die Dose blasen. Die verkohlten Stückchen sind sehr leicht und fliegen hinaus.

Fertig geröstet die Würfelchen auf einen flachen Stein geben und mit einem runden Holz oder einem Stein zu einem feinen Pulver zerreiben. Teile, die sich nicht zerreiben lassen, aus der Röstmischung entfernen.

Je 100 ml Wasser etwa 2 Teelöffel des Kaffees in ein Gefäß abmessen. Wasser dazu geben und alles am Feuer aufkochen lassen. Mindestens 5 Minuten sollte alles sieden, damit die Aromen ins Wasser abgegeben werden.

Je stärker du röstest, desto einfacher ist das Mahlen. Aber nicht verbrennen lassen!

Vom Feuer nehmen und abkühlen lassen. Der Kaffeesatz sinkt mit der Zeit ab. Nur zu wenig geröstete Teile treiben auf. Dein Muckefuck ist jetzt fertig. Entweder vorsichtig von der Oberfläche schlürfen oder abgießen und so vom Kaffeesatz trennen.

PROFI-TIPP

In den Wurzeln von Klette, Löwenzahn und Co. ist Energie in Form von Stärke und Inulin gespeichert. Falls du nur wenig Nahrung findest, kannst du den Kaffeesatz essen oder in Suppen rühren.

HAGEBUDDNE

Sehr viel hatten die Hirsche uns 4 in der kleinen Schneegesellschaft übrig Gebliebenen nicht gelassen. Von den Sträuchern waren nicht nur die meisten Hagebutten, sondern selbst die stachligen Blätter abgefressen worden.

Im monotonen Bergwald ohne jeden Unterbewuchs war für die Tiere schlicht nichts anderes zu holen. Viel zu viele hungrige Mäuler für diese karge Region. Nur die Beeren weniger über den eisigen Fluss hängender Sträucher konnten von den Hirschen nicht erreicht werden. Von Weitem leuchteten die orangenen Früchte.

Die Sträucher wurden als Reserve für die letzten Tage aufgespart, für den Fall, dass ich bis dahin kein Tier in den Fallen fangen oder erlegen lassen würde. Heute war es endlich so weit. Fast schon eine gute alte 7vs.Wild-Tradition: Sowohl Fritz in Schweden als auch Joey in Kanada bereiteten einen solchen **Smoothie** vor. Und jetzt machte auch ich mich daran, so eine Energiebombe aus Hagebutten zu brauen. Rund ein Kilo der Beeren war schnell gesammelt. **Dieser Smoothie sollte allen genügend Energie für den Endspurt liefern.**

Im Gegensatz zu den vorherigen Versionen aus Blau- und Salal-Beeren sollte es aber kein kalter Smoothie sein, sondern ein heißes Püree. Roh wären die winzigen Hagebutten ohnehin kaum genießbar gewesen. Prinzipiell kannst du diese Survival-Powernahrung aber aus allen Früchten machen.

Sammle je Mahlzeit und Person etwa 200 Gramm der Früchte. Pass dabei auf, dass du dich nicht an den Stacheln der Sträucher verletzt. Nutze am besten dicke Lederhandschuhe. Sammle idealerweise die orangeroten Früchte, meide die schwarzen und grünen.

Die Früchte gegebenenfalls waschen, wenn sie durch Erde oder von Tieren verschmutzt worden sein könnten. Danach faulige Stellen, die schwarzen, harten Spitzen und die Reste des Stängels entfernen.

Um die Zubereitung zu beschleunigen, kannst du die Früchte außerdem ein- oder zweimal der Länge nach durchschneiden. Das macht vor allem bei wenig reifen, sehr kleinen und harten Varianten Sinn.

Die Früchte in einen Topf füllen. Außerdem einen ordentlichen Schluck Wasser dazugeben. Vergisst du das, brennen die Früchte unten sehr schnell an – das ist nicht gesund und schmeckt wirklich nicht gut.

Alles auf der Feuerstelle erhitzen. Sobald es vom Topfboden ordentlich blubbert, die Hitze reduzieren. Wenn du einen Deckel hast, den aufsetzen. Alternativ einen Stein oder ein Stück Rinde über den Topf legen.

Währenddessen kannst du dir einen Stampfer fertig machen. Einen Ast mit etwa 3 Zentimeter Dicke und 30 Zentimeter Länge zuschneiden und schälen. Das Ganze dar natürlich nur aus ungiftigem Holz gemacht werden.

)ie Hagebutten regelmäßig umrühren. Vor allem die ;chicht direkt über dem Topfboden wenden. Mit der Zeit vird alles immer matschiger, bis die Hagebutten durch- ;ängig weich gekocht sind.

Den Topf vom Feuer nehmen und die weichen Früchte mit dem Stampfer zu einem feinen Püree zerdrücken. Du kannst schon mal probieren. Schmeckt es sehr sauer, etwas Asche untermischen. Das verringert die Säure und liefert zusätzlich Mineralien.

Venn du genügend übrig hast (beispielsweise weil deine Mitüberlebenden lieber Hundefutter naschen), kannst lu die Pampe auch relativ einfach konservieren. Dazu streichst du sie dünn auf ein Holzbrettchen oder auf einen lachen Stein.

.ege Brettchen oder Stein in die Nähe des Feuers, sie ollen warm werden. Ist die Oberfläche der Paste ange- rocknet, kannst du Stein bzw. Brettchen hochkant stel- en, sodass die Strahlungshitze des Feuers darauf fällt.

So lässt du alles gut durchtrocknen und schabst es dann vom Stein bzw. Brettchen. Es entsteht eine Art Müsliriegel aus Fruchtpampe und den Samen der Früchte. Getrocknet ist das praktisch ewig haltbar.

TASCHENBOGEN

Seit zwei Tagen lag Schnee, der sich tagsüber in Matsch und nachts in gefrorenen Harsch wandelte. Kein gutes Klima für den starken Jagdbogen.

Wenn sich die Lagen durch die Feuchtigkeit lösen und er beim Ausziehen bricht, kann das schlimme Verletzungen zur Folge haben. Bei den Zielübungen in den vergangenen Tagen zeigte sich außerdem, dass meine Erfahrung mit dem Bogen für einen schnellen Schuss auf Kleinwild schlicht nicht ausreichend war.

Deshalb lag der Bogen wasserdicht im schwarzen Plastiksack eingewickelt geschützt unter einer Ecke des Flügels, als ich mitten in der Nacht austreten musste und meinen Augen nicht traute: Keine 5 Meter entfernt von mir saß ein junger Hase und mümmelte geblendet von meinem Kopflicht. Genau für diese Zufallsmomente war der Bogen nicht geeignet. Man müsste ihn ständig mit Pfeil auf der Sehne mitführen.

Aber wir hatten ja nicht nur Pfeil und Bogen, sondern auch eine Steinschleuder, die mit ihren lätschigen Spielzeugbändern aber noch nicht mal geeignet wäre, um eine Ratte zu erlegen – geschweige den einen ausgewachsenen Hasen. Die Kombination der beiden war es, die am meisten Erfolg versprach. **Gerade auf kleine Tiere ist die Jagd mit einer Pfeilschleuder sehr viel einfacher als mit dem Bogen:** Sie lässt sich schussbereit überallhin mitnehmen, man kann innerhalb von Sekundenbruchteilen zielen und bis ca. 5 Meter sehr präzise schießen

\usgangsmaterial ist die Steinschleuder. Wenn du eine ichtig starke Schleuder hast, kannst du die Gummis so enutzen. Bei diesem Modell sind die Gummis spröde nd rutschen ab – das kann buchstäblich ins Auge gehen.

Die Gummis erst einmal komplett entfernen. Bei unserem Modell aus dem Jagdrucksack in Neuseeland waren die Bänder viel zu schwach, um damit einen Pfeil zu verschießen – kombiniert mit den Ersatzgummis aber genügend stark.

)u kannst aber auch ein Gummiband aus dem Hosenund verwenden, Kondome oder andere stark elastichen Bänder. Außerdem brauchst du etwas Draht, den oh in Neuseeland aus dem Flugzeug gewann, und etwas eine.

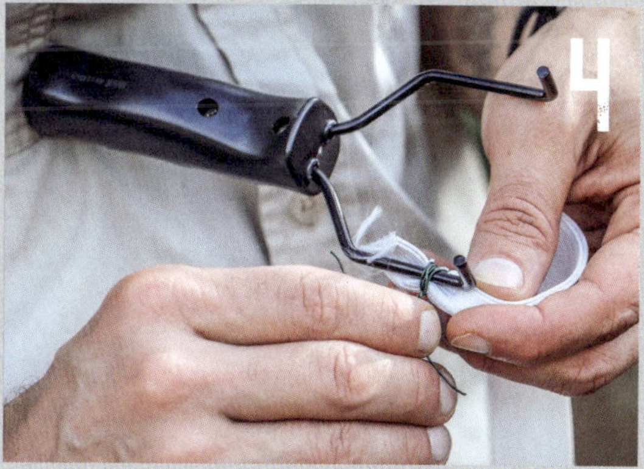

Die Gummibänder doppelt oder sogar dreifach legen und mit dem Draht an der Schleuder fixieren. Dasselbe mit dem freien Bandende auch an der anderen Seite der Schleuder machen.

ustesten, ob die Bänder so stark genug befestigt sind. rauchst du einfach nur eine starke Steinschleuder, önntest du nun hier das Leder für die Geschosse einnüpfen. Genau die Mitte suchen.

Das Band an dieser Stelle durchschneiden. Achte darauf, dass beide Bänder dabei flach zueinander liegen. Ist eine Seite deutlich länger bzw. hat mehr Zug, schießt die Schleuder nicht gerade.

Den Pfeil einlegen und abmessen. Die Strecke zwischen komplettem Auszug eines Gummipaars und dem hinteren Ende abmessen und die doppelte Länge Leine abmessen und abschneiden.

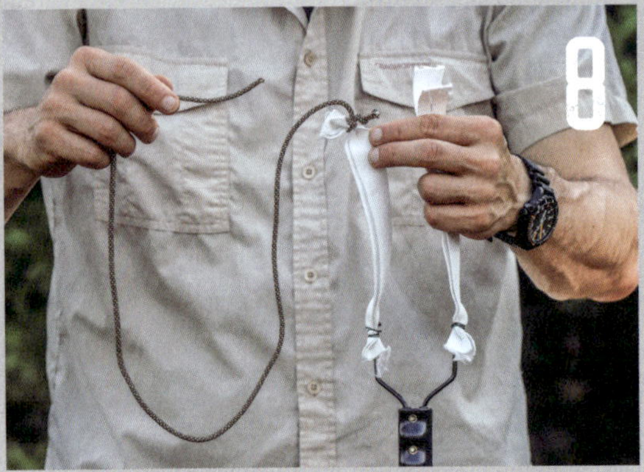

Mithilfe des Schlingenknotens wird die Leine an beiden Gummienden fixiert. Wenn die Schlinge richtig festgezogen ist, wird ein Teil des Gummis in den Knoten hineingezogen und die Leine kann nicht mehr abrutschen.

Der Pfeil kann hinten in die Leine eingenockt und seitlich über die Leine gegriffen ausgezogen werden. Ist die Stelle nicht griffig genug, die Leine nochmal lösen und 2 Achterknoten zum Festhalten einsetzen.

Für sehr kurze Entfernungen könnte die Schleuder nun genutzt werden. Allerdings hat sie vorne keine Auflage. Der Pfeil wackelt hin und her und bei einem Schuss kippt das hintere Ende nach oben.

Abhilfe schafft eine Pfeilauflage. Du benötigst Ast mit einer leicht schrägen Abzweigung. Die Abzweigung eine Zentimeter lang abtrennen, der untere Teil soll mindestens 2 Zentimeter an der Schleudergabel überstehen.

ɩit Draht die Auflage so zwischen die Schleudergabel
ödeln, dass der Beginn der Abzweigung genau in der
ɩitte der Schleuder liegt. Vertikal wird die Auflage einen
entimeter unterhalb der Gummis fixiert.

Jetzt kannst du den Pfeil auf die leicht schräg gehaltene Schleuder auflegen, das Gummi ausziehen und über den Pfeil peilen. Mit ein wenig Übung kannst du in weniger als einer halben Sekunde zielen und schießen.

ass den Pfeil los und die Schleuder an Ort und Stelle. Mit dieser Vorrichtung kannst du auf etwa 5 Meter sehr präzise
chießen. Die Schleuder ist viel schwächer als ein Jagdbogen, aber für Kleinsäuger ausreichend.

ɩURZE FRAGE:

ɩas war das schönste Erlebnis für dich bei 7vs.Wild
n Neuseeland? Was war die größte Herausforderung?

Der schönste Moment war, als wir nach
Stunden anstrengendem Wandern die Brücke
ntdeckt haben und wussten, wir haben es
ls Team endlich geschafft. Die größte Heraus-
forderung war mit Abstand die extreme
Kälte, mit der ich weder gerechnet habe
och im Ansatz darauf vorbereitet war.

JULIA

BITTE LÄCHELN!

Als Julia den gerade gefundenen Koffer durchstöbert, entfährt es ihr voller Freude: »Ohh! Wir haben eine Zahnbürste… und Zahnpasta!«

Für sie war nichts schlimmer als keine Zahnpflegemöglichkeit. Nicht ohne Grund hatte sie eine winzige Zahnpastatube aus dem Flugzeug nach Neuseeland bis in das düstere Tal geschmuggelt. Keiner hatte es gemerkt. Aber jetzt war ohnehin tatsächlich alles da, was man zum richtigen Zähneputzen braucht. Aber eine einzige Zahnbüste für 7 Personen? Hört sich nicht sehr hygienisch an.

Also wollte sie nur mit etwas Zahnpasta und den Fingern die Zähne abreiben. Für den Frischekick am Morgen. Das waren allerdings Hemmungen, die spätestens fielen, als nach mehr als einer Woche nur noch ein verschworenes Grüppchen aus 4 Personen übrig geblieben war und sich alle diese eine Zahnbürste geschwisterlich teilten. Bis dahin wurde mit verschiedenen improvisierten Zahnbürsten geschrubbt und gebürstet. Tatsächlich ist es gar nicht so schwierig, brauchbare Zahnpflegemittel herzustellen. Und was klar sein sollte: **Auch beim Survival ist es wichtig, dass man dauerhaft ordentlich zubeißen kann!**

PROFI-TIPP

Du kannst einfache Zahnpasta herstellen, indem du Muschel- und Schneckenschalen ausglühst, nach dem Abkühlen zerreibst und mit etwas Wasser vermengst.

ls Zahnbürste dient ein Stückchen Holz. Beispielswei-
e Hartriegel oder Hasel, aber nichts Giftiges! Durch
lopfen wird das Ende zu einer Bürste aufgefasert. Neben
olz eignen sich auch die Triebe beispielsweise von
roßen Fuchsschwänzen.

In Neuseeland wurden außerdem verschiedene Grasbürsten genutzt. Von Hugos riesigem Zahnputzquast bis hin zu meiner winzigen Zahnpflegebürste. Dazu wird ein kleines Büschel mit Leine oder Klebeband zusammengefasst.

urch Glattschneiden der oben überstehenden Halme
ntsteht eine Art Pinsel. Damit aber nur ganz vorsichtig
ıpfen und abbürsten, nicht richtig schrubben. Die Kan-
en von Gras sind sehr hart und können den Zahnschmelz
erkratzen.

Ich habe später aus Holz und dem Nylonseil vom kleinen Rettungsfloß eine richtige Bürste gebaut. Dazu musst Du ein gerades Stöckchen schälen und am oberen Ende 5 Zentimeter lang ganz vorsichtig aufspalten.

ine grobe Kunststoffkordel in Schlangenlinien in den
palt klemmen. Diese Schlaufen stehen auf einer Seite
eiter über. Alles durch Wicklungen mit Leine fixieren.

Die Enden der langen und überstehenden Schlaufen mit dem Messer gerade abschneiden. Einzelne lockere Borsten herauszupfen oder abschneiden. Fertig ist eine richtige Zahnbürste mit weichen Borsten!

WO GEHT'S LANG?

Zuerst war nur ein leises Kratzgeräusch zu hören. Aber wenige Momente, nachdem Uwe »Abspielen« gedrückt hatte, quäkte die Stimme von Fritz aus dem Lautsprecher des kleinen Kasettengeräts.

Es war der 6. Funkspruch, der den Militärrucksack ankündigte. »800 Meter Luftlinie Richtung Nordwest vom Flugzeug aus. Laufdistanz ca. 1,3 Kilometer.« **Eine Entfernung und eine Richtung. Das sind die notwendigen Informationen, die man zum einfachen Navigieren benötigt.**

Stimmt aber eine der beiden Angaben nicht oder wird falsch navigiert, besteht kaum die Chance, einen Rucksack in einem so weitläufigen und unübersichtlichen Gelände zu finden.

Glücklicherweise gab es da den alten Kugelkompass aus dem Cockpit der abgestürzten Dornier. Joey nahm ihn sich und peilte. Obwohl der Schnee am Hang eine dicke und rutschige Schicht gebildet hatte, wollte er los. Der Rucksack lag wirklich weit weg und das Tageslicht war knapp. Sich jetzt zu verirren, würde schnell gefährlich werden. Das wusste Joey. Also peilte er ein weiteres Mal, nahm sich einen Wanderstab und begann in Zeitlupe mit dem Aufstieg. Den Kompass immer greifbar im Rucksack. Kurze Zeit später stand er im dichten Nebel. Jetzt konnte es ohne Kompass gefährlich werden – und die Suche nach dem Rucksack erfolglos. Allerdings gibt es Alternativen, um die Himmelsrichtung einigermaßen präzise festzustellen.

ür die Navigation brauchst du immer Entfernung und Peilung«, also Richtung. Die Richtung wird in Grad oder Worten wie »Nord-Nord-West« und »Ost-Süd-Ost« ngegeben. Bei einem gewöhnlichen Kompass zeigt die adel in Richtung Norden.

Um beispielsweise Ost-Süd-Ost anzupeilen, wird der Ring am Kompas so gedreht, dass oben Ost-Süd-Ost bzw. 112,5° stehen. Drehe den Kompass jetzt so, dass die Nadel zur Nordmarkierung steht.

'enn du jetzt am Kompass entlang oder, wenn vorhanen, durch die Zieleinrichtung peilst, schaust du genau in ie gewünschte Richtung. Merke dir einen möglichst weit ntfernten Punkt und gehe dort hin. Dort wiederholst u die Peilung.

Der Kugelkompass aus dem Flugzeug funktioniert etwas anders. Er zeigt auf der Skala immer die Richtung an, in die das Flugzeug fliegt. Deshalb dreht man sich mit dem Kugelkompass, bis er Ost-Süd-Ost anzeigt, und peilt am Kompass entlang.

ne andere Methode nutzt den Sonnenstand und eine naloge Uhr. Dazu wird die Uhr auf der Nordhalbkugel ausgerichtet, dass der Stundenzeiger zur Sonne zeigt. wischen der 12 und dem Stundenzeiger liegt Süden.

Auf der Südhalbkugel wird die 12 auf die Sonne gerichtet und zwischen der 12 und dem Stundenzeiger liegt Norden.

Eine weitere Möglichkeit benötigt etwas mehr Zeit. Dazu wird ein Ast senkrecht in den Boden gesteckt und das Ende des Schattens mit einem Stein markiert (1).

Warte eine halbe Stunde. Die Sonne wandert auf beiden Hemisphären von Ost nach West. Die Schattenspitze bewegt sich deshalb von Westen nach Osten.

Markiere das zweite Schattenende und ziehe eine Linie zwischen beiden Punkten. Die erste Schattenmarkierung (1) liegt im Westen, die zweite (2) im Osten.

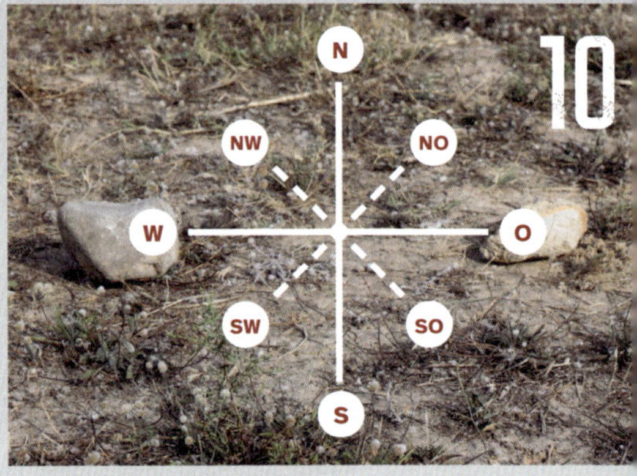

Zeichne dir auf diese Markierung eine rechtwinklige Linie: Nord- Süd, sowie jeweils zwei diagonale Winkelhalbierende für Nord-Ost und Süd-West sowie Nord-West und Süd-Ost.

KURZE FRAGE:

Man lernt viel über sich selbst, wenn man draußen endlich mal zur Ruhe kommt. Was war das bei dir?

Ich habe wirklich viel über mich gelernt. Ich glaub, dass ich jetzt viel mehr chillen kann und nicht mehr alles zu hektisch-schmektisch machen muss. Dass nicht immer alles so schnell passieren muss. Ich glaub, das ist so das Main-Ding, das ich gecheckt hab.

HUGO

ASCHE-BECHER

Nach einem anstrengenden Tag voller Arbeit treffen wir 7 uns abends wieder an der Feuerstelle. »Hunger hab ich eigentlich gar nicht«, meint Hugo. Die anderen stimmen zu. Tatsächlich ist das Hungergefühl auch nach einigen Tagen nur mit gekochten Wurzeln und wenigen Hagebutten nicht sonderlich groß.

Die meisten haben auch genügend Reserven mitgebracht. Dennoch sind wir schlapp und Sandra bemerkt, wie ihre Hände anschwellen. **Grund kann der Mangel an Mineralien sein.** Durch die harte tägliche Arbeit und das Trinken von heißem Tee gehen eine Menge davon über Schweiß und Urin verloren. Vor allem Natrium, Kalium und Calcium werden benötigt.

Ohne tierische Lebensmittel oder Meerwasser ist es gar nicht so einfach, an diese zu kommen. Man müsste kiloweise Pflanzen knabbern, um den Bedarf zu decken. Also kam der »Asche-Becher« zum Einsatz – hierin sind die mineralischen Bestandteile der Pflanze konzentriert.

Um die lebenswichtigen Mineralien zu gewinnen, nutzten wir eine Technik, die so ähnlich bei der traditionellen Erzeugung von sogenanntem Aschesalz in vielen Ländern Afrikas auch heute noch zum Einsatz kommt. Es ist nicht die perfekte Lösung – aber in Mangelgebieten die einzige, um überhaupt an Mineralien zu kommen.

Der wichtigste Grundstoff ist Pflanzenasche. Die Zusammensetzung variiert je nach Pflanze. Abhängig von der Pflanze enthält sie ca. 1–4 % Natrium, 10–20 % Calcium, 2–4 % Magnesium und 10–30 % Kalium. Wichtig ist, dass die Asche komplett verbrannt ist und nicht mehr qualmt.

Asche ist seit der Steinzeit ein Lebensmittelzusatzstoff. Du kannst einfach regelmäßig einen Esslöffel davon in deine Fruchtfladen backen oder beim Kochen in dein Essen mischen. Dabei werden außerdem viele vorteilhafte Pflanzenstoffe aktiviert.

Eine weitere Möglichkeit ist das Lösen von ein paar Esslöffeln Asche in Wasser. Umrühren und einige Zeit stehen lassen. Dabei spielt die Zusammensetzung von Asche keine Rolle, sondern die Löslichkeit der einzelnen Stoffe.

Der nicht gelöste Bestandteil sinkt ab. Im Wasser sind vor allem Kalium, Magnesium und Natrium gelöst. Calcium dagegen kaum. Das Wasser ist durch die Asche basisch. Sobald die Lauge im Magen ankommt, wird sie neutralisiert.

Um traditionelles »Aschesalz« herzustellen, benötigt man mehr Asche. Rühre etwa einen halben Liter Asche je Liter Wasser ein. Dabei entsteht eine ziemlich dicke Masse. Lass das etwa eine halbe Stunde stehen.

Vom stark alkalischen Bestandteil Calciumoxid werden weniger als 2 Gramm je Liter gelöst. Dagegen geht der Großteil von Natrium ins Wasser über. Die Asche absinken lassen und alles durch ein Stück Gewebe filtern.

Das Wasser nun so lange über dem Feuer köcheln lassen, bis es komplett verdampft oder zu einer dicken Paste reduziert ist. Übrig bleiben vor allem Magnesium, Kalium und die wichtigen Natriumverbindungen.

Auskratzen und in einem dichten Gefäß lagern. Das »Aschesalz« schmeckt fischig-scharf-salzig und kann wie ganz normales Kochsalz genutzt werden. Seine genaue Zusammensetzung ist von den verwendeten Pflanzen und dem Standort abhängig.

ÜBER LEBENSRISIKO

Durch die effekthascherische Aufarbeitung des Themas »Asche« nach *Staffel 4* im Internet konnte man gut erkennen, wie sehr sich die Wahrnehmung sogenannter Lebensrisiken verschoben hat. Während Tabakrauch, Alkohol und selbst Lagerfeuerqualm akzeptiert werden, schien die traditionelle Aschenutzung ein großes Risiko darzustellen. Dabei wird Asche seit Jahrtausenden als Lebensmittel genutzt. Zum Kochen von Mais, Würzen von Käse und für Brot »con cenere« oder »arbood« und zum Mineralienausgleich. Über die Angst vor Asche können viele Kulturen nur schmunzeln – sie nutzen mit reinem Ätzkalk behandelte Betelnuss, Koka, »Makla« oder »Gutka« ohne Kalkvergiftung oder Verätzungen des Magens. Mineralien aus Asche sind ein geringeres Übel: Für den Natriumbedarf eines Tages müsstest du 150 000 Liter Flusswasser trinken, 10 Kilogramm Pflanzen essen – oder 150 Gramm Asche extrahieren. Asche als Nahrung ist eine Nottechnik und birgt ein gewisses Risiko. Ein Arzt würde dir aber sicherlich auch davon abraten, im Lagerfeuerrauch zu sitzen oder dich im Dschungel aussetzen zu lassen.

TECHNIK

Neben den Actioncams kommen auch zahlreiche professionelle Kameras zum Einsatz.

Über eine oder zwei Wochen ohne Kontakt nach außen Aufnahmen machen zu können, ist kompliziert. Akkus gehen kaputt, die Kameras werden innen beim Kartenwechsel feucht und SD-Karten gehen verloren. Mit den Aufnahmen der Teilnehmenden steht und fällt die komplette Staffel. Aus diesem Grund wird jeder Teilnehmer mit einem Technikkoffer ausgestattet. In *Staffel 4* enthielt er zahlreichen Powerbanks, Ersatzakkus, zwei GoPros sowie ein ausgeklügeltes SD-Kartensystem.

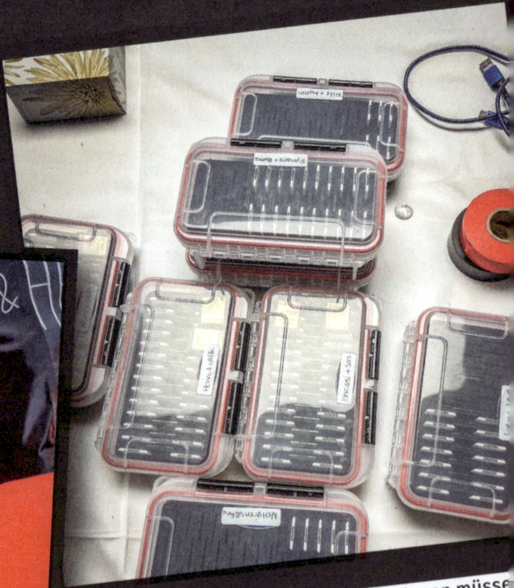

Mit System: Hunderte Stunden Aufnahmen müsse gesichert und sortiert werden.

Technikkoffer: Ein ausgeklügeltes System erlaubt es den Teilnehmenden, lange autark zu filmen.

Für jeden Teilnehmenden steht ein Technikkoffer für die Aussetzung bereit.

TEIL 4

JETZT BIST DU DRAN!

FILMTECHNIK

7vs.Wild hat als einfaches Abenteuer einiger Freunde begonnen und wurde bald zum riesigen Medienevent mit Millionen von Zuschauern. Survival findet schon lange nicht mehr allein im dichten Wald oder abgelegenen Busch statt, sondern kann dank Social-Media-Plattformen mit vielen anderen geteilt werden. Oft sogar live – in Echtzeit als Stream.

Eine Survival-Tour hält also das perfekte Drehbuch für dich parat. Es schreibt sich praktisch von selbst. **Abenteuer, Herausforderungen und Emotionen garantiert!** Gibt es etwas, das spannender und authentischer ist, als dein eigenes Abenteuer mit deinen Liebsten zu teilen? Oder du lädtst es auf eine Streamingplattform hoch. Die moderne Technik macht es möglich.

Brauchbare Kameras kosten nicht mehr Tausende Euros und mittlerweile kannst du sogar auf deinem Handy oder Tablet filmen, schneiden und Videos direkt hochladen.

Was hält dich also davon ab, dein eigenes Mikroabenteuer, deinen Overnighter, deine Lost-Place-Erkundung oder deine Expedition in die Wildnis zu filmen? Es ist ganz einfach. Es gibt ein paar Tipps, die dir helfen, einen möglichst spannenden Film zusammenzustellen, ohne dabei die häufigsten Fehler zu machen.

Schnell schätzt man die Möglichkeiten seiner Kamera falsch ein – und nach deiner Tour hast du nur unscharfe oder dunkle Clips, dir fehlt der entscheidende Moment für deine Reportage oder das gefilmte Tier ist nur ein winziger Punkt auf dem Monitor. Dennoch willst du nicht den perfekten Kinofilm machen – davon gibt es schon genügend. Du kannst etwas einzigartig Authentisches schöpfen.

Auch beim Filmen und Veröffentlichen gilt: einfach machen, ausprobieren, üben! Du hast nichts zu verlieren! Auf den folgenden Seiten will ich Dir zeigen, welche Filmtechnik wir als Teilnehmende bei 7vs.Wild genutzt haben und welche Dos and Don'ts ich dabei gelernt habe

Mit einem wasserdichten Medienkoffer, Kameras und genügend Akkus kannst du dein eigenes Filmprojekt erschaffen.

JND ACTION!

um Filmen brauchst du irgendeine Kamera. Allerdings stellt sich schnell die Frage, welche die richtige ist. Du kannst Unsum-
en für Kameratechnik ausgeben – wenn das
les dann aber zu schwer oder groß wird, kann
ch das aber eher behindern als dir helfen –
ofessionelle Kameras sind außerdem oft viel
npfindlicher als Handys oder eine Action-
m. Wenn du für dein Gear außerdem so viel
sgibst, dass du dir dein eigentliches Aben-
uer nicht mehr leisten kannst, ist nichts ge-
nnen.

Wie haben das die Teilnehmenden von 7vs.
ld gemacht? Nach der Aussetzung beschränk-
sich die Technik auf eine einfache und preis-
rte Komponente: die **Actioncam**. Erst mit
m wachsenden Erfolg der Serie kam eine
eite sowie ein kompakter **Camcorder** dazu.
Beide haben ihre Vor- und Nachteile – zu-
mmen sind sie ein praktisch unschlagbares
am. Und wenn man bedenkt, welch eine grandiose Serie dabei entstanden ist, sind sie ihren Preis mehr als wert.

> **PROFI-TIPP**
>
> Du brauchst ganz wenig, um spannende Filme zu machen. Wichtig ist: einfach rausgehen, ausprobieren und Spaß haben. Dazu gibt es keinerlei Regeln. Die folgenden Seiten sollen dir nur einen Überblick über die Technik geben, die Teilnehmende während 7vs.Wild benutzen.

ACTIONCAMS

Es gibt eine Menge Actioncams, die du für deine Projekt verwenden kannst. Von der altbekannten GoPro über DJI und Insta360 bis zu billigen Kopien dieser Marken. Die meisten Modelle sind nur etwas größer als eine Streichholzschachtel und haben eine fest eingebaute Linse. Weil die Kamera keine wirklich empfindlichen Bestandteile hat, hält sie auch ruppige Behandlung aus, die bei großen Filmkameras schon lange einen Totalschaden bedeuten würden. Dafür haben Actioncams eine eingeschränkte Aufnahmequalität, ein stark verzerrendes Weitwinkelobjektiv und einen festen Fokus. Außerdem kannst du mit ihnen auch nicht zoomen, also entfernte Dinge verlustfrei vergrößert darstellen. Du nutzt die Actioncams aber immer dann, wenn es schnell und mitten in das Geschehen geht und wenn du möglichst viel von der Umgebung zeigen willst. Für POV, also Filmen aus dem eigenen Blickwinkel, Bewegung und Panoramaaufnahmen sind die kleinen Dinger nämlich unschlagbar.

Weil ständig neue Actioncams auf den Markt gebracht werden, bekommst du viele Modelle vom Vorjahr sehr günstig. Informiere dich am besten vor dem Kauf ausführlich im Internet über die Vor- und Nachteile eines Modells.

PROFI-TIPP

Das Einzige, das deine Kamera wirklich unbedingt können muss, sind einfache Filmaufnahmen, damit du deine besonderen Momente zuverlässig einfängst. Alles andere ist wirklich Bonus. Manchmal ist weniger tatsächlich mehr.

Wunderschachtel: Prinzipiell reicht Dir eine einzelne Actioncam mit passendem Zubehör für einen tollen Outdoor- und Reisefilm aus.

Was du letztendlich wählst, ist Geschmackssache und das Wichtigste ist, dass du Spaß beim Filmen hast.

Es gibt aber grundsätzlich ein paar Dinge, die deine Kamera idealerweise können sollte:

- Die Actioncam sollte auch ohne zusätzliches Gehäuse **staub- und wasserdicht** sein.
- Aktuelle Modelle haben alle mindestens ein Rückdisplay, oft sogar auch eines auf de Vorderseite. Das **zweite Display** hilft, den Bildbereich besser einzuschätzen, wenn du in die Kamera sprichst.
- Wenn die Action so richtig losgeht, hilft eine interne **Stabilisierung**, damit das Bild nicht komplett verwackelt wird.
- Die Kamera sollte **1080/25p** filmen können. Bei einer Auflösung von mindestens **1920 x 1080 Pixeln** sind die Aufnahmen für den YouTube-Standard ausreichend gut aufgelös und bei mindestens 25 Vollbildern je Sekunde werden Bewegungen ruckelfrei dargestellt.
- Alle genutzten Kameras sollten gleichermaßen entweder auf **25 bzw. 50 oder 30 bzw 60 Vollbilder je Sekunde** eingestellt werden.
- Achte darauf, dass die Bildrate bei höheren Auflösungen **nicht unter 25 bzw. 30 Bilder je Sekunde** fällt.
- Die Kamera sollte idealerweise auch brauch bare Fotos, **Zeitraffer (Timelapse) und Zeit lupenaufnahmen** machen können. So kanns du nicht nur Thumbnails aufnehmen, sondern auch deine Videos kreativ aufwerten.
- Actioncams sollten mit Zubehör wie Cages, Mikrofonen, Lampen oder Schnellkupplung für Stative **kompatibel** sein, falls du das Filmen bei zukünftigen Projekten professionalisieren willst.

t den zweiten Displays auf der Kameravorderseite kannst den Blickwinkel und die Seitengrenzen deiner Aufnahme ch bei Selfie-Aufnahmen kontrollieren.

Seit *Staffel 3* haben die Teilnehmenden neben Actioncams auch einen Camcorder mit starkem Zoom und Nachtmodus dabei.

AMCORDER

ɔätestens nachdem Joris auf der Isla de San sé in Panama immer wieder ein Krokodil ɜsehen hatte (auf den Aufnahmen war aber tztendlich nicht viel mehr als ein kleiner :hwarzer Punkt zu sehen), war klar, dass die :tioncams nicht für alle Gelegenheiten ausichen würden.

Neben zwei Actioncams hatten die Teilnehenden ab *Staffel 3* deshalb auch einen komakten Camcorder dabei. Camcorder können Gegensatz zu Actioncams zoomen und kussieren. Je nach Modell kannst du damit n Tier, das mehrere Hundert Meter entfernt t, so aufnehmen, dass es deutlich erkennar wird.

Neben dem **Zoomen** auf große Entfernungen ınnst du mit dem Camcorder auch winzige egenstände groß darstellen.

Bei nahen und kleinen Objekten werden :tioncams schnell sehr unscharf – hier hilft n **Makromodus** des Camcorders. Er ermög:ht der Kamera, besonders nahe und kleine bjekte scharf darzustellen.

Achte beim Kauf auf folgende Eigenschaften:

- Mit einem **optischen Zoom** kannst du Entferntes ganz nah heranholen. Achtung: Digitaler Zoom verringert die Bildqualität.
- Eine **optische Stabilisierung** hilft bei starken Zooms, die Kamera auch per Hand ruhig zu halten.
- **Makromodus** sowie das Umschalten zwischen **manueller und automatischer Fokussierung** sind eine wichtige Unterstützung für kleine Details.
- Mit einem **hellen Displaybild** erkennst du auch tagsüber draußen noch gut, was du aufnehmen möchtest.
- Wenn es so hell ist, dass du wirklich nichts mehr erkennen kannst, hilft ein **zusätzlicher Sucher**.
- Moderne Camcorder haben Touchscreen und **Gesichtserkennung/Verfolgung**. Das hilft bei Selfie-Aufnahmen.
- Bonus ist ein **Night-Vision-Modus**, mit dem du auch bei absoluter Dunkelheit Aufnahmen machen kannst.

Winziges ganz groß: Oft sind es die Details, die den Unterschied ausmachen. Dabei hilft die Makroaufnahme oder zumindest ein manueller Fokusmodus.

Bei starker Sonneneinstrahlung wird es schwer, auf de Display etwas zu erkennen. Ein eingebauter Sucher ist extrem hilfreich.

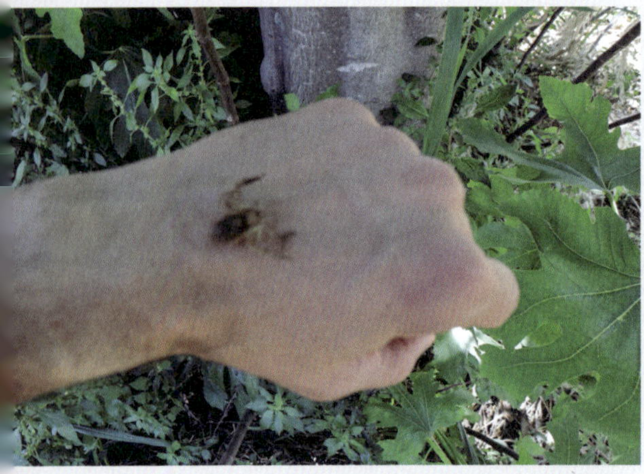

Bei Actioncams wird alles, was etwa ein halben Meter entfernt ist, unscharf. Insekten oder Spinnen sind da nicht zu erkennen.

Welches Tier raschelt da nachts am Lager? Mit dem Nachtmodus der Kamera kannst du auch bei pechschwarzer Nacht etwas sehen.

MIKROFONE

Sobald man sich weiter als etwa 2 Meter von der Kamera entfernt, es stark windet oder es laute Nebengeräusche gibt, wird es schwierig mit dem Ton. Abhilfe schaffen einfache Richtmikrofone, die an die Actioncam oder den Camcorder angeschlossen werden können. Außerdem gibt es mittlerweile kleine und leichte Funkmikrofone, die teilweise unmittelbar mit der Actioncam verbunden werden können. Wenn du schon vorher weißt, dass es stark winden wird, nimm außerdem ein geeignetes Windfell mit.

SPEICHERKARTEN

Was du aufnehmen möchtest, muss irgendwo gesichert werden. Das geschieht heute fast ausschließlich auf Speicherkarten. Hier gilt: Viel hilft viel. Nimm genügend SD-Karten mit. Unterwegs lagerst du alles beschriftet wasse nd staubgeschützt ist einem Case. Sobald du e Möglichkeit hast, sicherst du alles mindes-ns einmal auf einer zusätzlichen Festplatte, n besten auf einer SSD, die robuster gegen echanische Belastung ist als eine normale DD, dafür aber auch teurer.

PROFI-TIPP

Achte darauf, dass die Karten mit allen Geräten kompatibel sind. Achte auch auf die Angaben der Geschwindigkeitsklasse. Ist die Karte zu langsam, kannst du beispielsweise nicht in 4K aufzeichnen.

Nutze lieber **mehrere mittelgroße Karten** (z. B. 64 GB) statt wenige sehr große. Verlierst du eine, ist nicht alles weg.

Wenn du Mikro-SD-Karten mit **Adapter** nutzt, kannst du sie sowohl im Camcorder als auch in den Actioncams nutzen.

Markiere volle Karten, sodass du ständig **Überblick** über deinen Restspeicher hast.

Bei langen Touren kannst du die Karten auch ohne Computer mit einem Filehub oder einer Fotobank auf der SSD **sichern**. Es gilt: Nur mindestens doppelt Gespeichertes ist sicher.

Wenn du weiter als 2 Meter von der Actioncam entfernt bist, versteht man dich mit dem eingebauten Mikrofon einer Actioncam viel schwerer. Funkmodule oder externe Mikrofone mit Windschutz helfen.

In einem wasserdichten Case sind deine Aufnahmen auf SD-Karten gut geschützt. Zum zusätzlichen Sichern kannst du eine Fotobank mit einer SSD oder dein Handy mit Karten-Lesegerät nutzen

VERSTÄNDLICH

Man sagt gerne: Man kann Filme mit schlechtem Bild, aber mit gutem Ton machen. Aber niemand schaut sich Filme mit gutem Bild und schlechtem Ton an. Achte darauf, dass man dich auf deinen Aufnahmen sieht und versteht. Ein externes Mikrofon kann dabei helfen.

AKKUS

Zum Filmen brauchst du natürlich Energie. Je nachdem, wie viel du filmen möchtest, musst du hier echt einiges an Gewicht einplanen.

- Nutze idealerweise Powerbanks mit einer präzisen Angabe der gespeicherten Restenergie.
- Achte darauf, dass alle Systeme mit demselben Stecker kompatibel sind (meist USB-C).
- Um Gewicht zu sparen, kannst du Akkus von Actioncams direkt über USB im Gerät laden.
- Bei Drittanbietern findest du Akkus, in die du direkt das USB-Kabel stecken kannst. Damit sparst du das Ladegerät.
- Für alle anderen Geräte nutze USB-C-Adapter. Dann sparst du dir den Kabelsalat. Mit mindestens 3 Akkus je Gerät bist du auf der sicheren Seite.

Mit Powerbanks kannst du unterwegs deine Akkus laden. Nutzt du USB-Kabel und -Adapter, sparst du dir viele Kabel. Es gibt im Zubehör zudem Cradles zum Laden der Akkus.

→
Ebenso wie die Kameratechnik reine Geschmackssache ist, sind Storytelling und Kameraführung völlig frei.

STATIVE

Bei Filmen kannst du ja nicht dauerhaft die Ka mera in der Hand halten. Und wenn du mit den Camcorder stark herangezoomt hast, wird es aus der Hand etwas wackelig. Hierfür gibt es ein paar einfache Helfer.

- Für eine fesselnde POV ist der Headstrap ideal. Überprüfe aber vorher, welcher Winkel der richtige ist. Sonst filmst du nur dein Kinn oder den Himmel.
- Mit Klammeradaptern kannst du die Actioncam in wenigen Sekunden an Kleidung, Rucksackgurt oder im nächsten Gebüsch fixieren.
- Ein flexibles Dreibeinstativ ist ein wichtige Helfer für Zeitraffer oder Interviewszenen.
- Du hast etwas zu erzählen, während du läufs Mit dem klassische Selfie-Stick kannst du dabei auch etwas von der Umgebung zeigen.
- Kauf Dir ruhig Stativ-Bundles von Fremdherstellern. Sie sind viel günstiger als Originalzubehör. Probier einfach aus, was zu Dir passt!

FILM AB!

Keiner kann dir genau sagen, was einen Film »gut« macht. Der Zeitgeist ändert sich schnell – zudem geht es vor allem arum, dass er dir gefällt und Spaß macht. s muss sich für dich gut anfühlen. Der ge-essene Erfolg in Zahlen sollte nachrangig ein. Manche Onlinefilme sehen aus wie noproduktionen, andere haben wegen ihrer auheit einen besonderen Charme.

Probier dich einfach aus! Dennoch gibt es nige Dinge, die dir beim Zusammenstellen nes Films helfen können. Manche Sequen-n sind buchstäblich unersetzlich.

Vielleicht hast du schon einmal etwas ber Storytelling gehört. Wenn du bereit bist, einen Film auf ein nächstes Level zu heben, önnen Dir die **»W-Fragen«** helfen.

P R O F I - T I P P

Nimm lieber viel zu viel auf als ein bisschen zu wenig. Löschen kannst du immer noch.

Bei deinem ersten Film wirst du sicherlich nicht so »professionell« vorgehen. Die Tipps sind eher dafür da, wenn du schon erfahrener im Umgang mit der Kamera bist.

- **Wer macht was?** Stell dich und dein Team also kurz vor. Eine Frage-Antwort-Runde, die du in den Film schneiden kannst.
- **Was wird genau gemacht?** Was ist das Ziel deines Projekts und was macht es so besonders?
- **Wo wird dein Film stattfinden?** Aufnahmen deiner Anreise, der Umgebung, Kultur.
- **Wann hast du die Aufnahmen gemacht?** In welcher Jahreszeit und wie lange oder wie weit warst du unterwegs?
- **Warum machst du das?** Möchtest du mit dem Film etwas zeigen, beweisen oder porträtieren?
- **Was fühlst du dabei?** Kommentiere möglichst oft in die Kamera, was in dir vorgeht.

Schau dir die größeren Abenteuerserien der letzten Jahre auf YouTube an, du wirst immer wieder diese Fragestellungen bzw. Antworten dazu finden.

TEILE EINES FILMS

Wie du sicherlich bei den vergangenen Staffeln schon mitbekommen hast, wirst du nicht jeden Tag gleich viel unternehmen/filmen. Beispielsweise passiert während der Aussetzung oder der Abholung besonders viel. Soll der Film mehr als einen Teil haben, achte darauf, dass der Spannungsbogen bis zum letzten Teil reicht. Vielleicht enden manche deiner Folgen sogar mit einem Cliffhanger. Generell haben die meisten Filme drei Teile:

Die Exposition oder Einführung beschreibt die Aufgabe, Vorgeschichte oder Umstände. Sie erklärt auch die besondere Herausforderung, der du dich stellen wirst.

Die Konfrontation oder Prüfung ist der Hauptteil, der dich oder dein Team bei der Durchführung begleitet. Die Spannung wird hierbei aufgebaut: Wirst du es schaffen? Wie begegnest du den zahlreichen Gefahren und Aufgaben?

Die Auflösung zeigt Ankunft, Abholung, das erfolgreiche Ende, Aufgabe oder Rettung aus der Gefahr. Oft mit einer unerwarteten Wendung und der Auflösung ungelöster Fragen.

Wie du die jeweiligen Teile gewichtest, ist dir vorbehalten. Steigst du aber zu schnell in die Story ein oder endet dein Abenteuer zu abrupt, kann es sich für den Zuschauer seltsam anfühlen. Eine gute Herangehensweise sind Exposition ¼, Konfrontation ½ und Auflösung ¼ der Gesamtzeit. Dabei ist es übrigens egal, ob dein Film eine Serie mit 10 Folgen à 1 Stunde ist oder insgesamt nur 15 Minuten dauert.

SO ZEIGST DU ES ALLEN!

Mit deiner Kameraausrüstung kannst du viel mehr als nur Selfie-Aufnahmen machen, bei denen du in die Kamera redest. Auch ausschließlich POV-Aufnahmen vom Headstrap auf der Stirn können auf Dauer langweilig wirken. Verschiedene Einstellungen lassen dagegen deinen Film lebendig und abwechslungsreich aussehen und heben ihn von anderen Videos ab. Wichtig: Probiere aus, was dir Spaß macht und zu dir passt, und experimentiere!

KURZE FRAGE:

Manche Zuschauer haben mit Häme auf dein frühes Ausscheiden reagiert. Was würdest du denjenigen mitgeben, die sich in einer ähnlichen Situation befinden?

Hass und Häme leben von Reaktionen – wer ignoriert wird, verliert seine Macht. Für mich ist Schweigen oft der beste Schutz.

SABRINA

instellungen

elfie-Aufnahme Du redest direkt in die vor dich oder icht seitlich gehaltene Kamera. Mit dieser Einstellung ngst du eigene Emotionen ein.

(Super-)Totale Du baust gerade etwas Spannendes, läufst durch die unendliche Wüste oder liegst ganz entspannt in der Sonne. Vom Stativ aus kannst du nicht nur dich, sondern auch andere Personen oder die Umgebung ins Bild holen.

oint of View (POV) Du craftest etwas, verfolgst ein er oder balancierst an einem schwindelerregenden ang. Die Kamera sitzt auf dem Headstrap – Winkel rela- v steil nach unten

Overshoulder Wenn du etwas zeigen oder erklären möchtest, kann eine »Overshoulder« genutzt werden. Dabei »steht« der Zuschauer hinter dir und fühlt sich als Teil deiner Gruppe. Die Kamera steht hier leicht schräg hinter dir auf einem Stativ.

esondere Perspektiven Du kannst in deinem Film ganz besondere Einstellungen nutzen, um den Zuschauer zu sseln. Beispielsweise kann eine schräg gehaltene Kamera einen Abgrund betonen. Filme dich von tief unten oder rch eine über dir aufgehängte Kamera.

Einstellungen

Walk-by I Ideal, wenn du eine Reise erzählst. Stelle die Kamera in Gehrichtung auf. 10 Meter hinter der Kamera starte und an ihr vorbeilaufen, bis du nicht mehr im Bild bist. Umkehren, wieder an ihr vorbeilaufen. Nie in die Kamera schaue

Walk-by II Weil die Kamera ohnehin schon aufgestellt ist, drehst du sie einfach in die andere Richtung und machst da selbe nochmal. Damit kannst du später aus 4 unterschiedlichen Szenen wählen.

Alles nur Spaß: Das Wichtigste ist, dass du Freude an deinem Projekt hast – alles andere ist erstmal völlig egal.

NTERVIEWS

eige mit Interviews Emotionen, erkläre intergründe oder deine persönliche Wahr-ehmung intensiver Momente. Stelle dir der anderen bei der Aufnahme die Fragen, ie dann beantwortet werden. Achte darauf, ass du immer in ganzen Sätzen sprichst nd die Frage einbindest. Beispielsweise ntwortest du auf die Frage »Bist du gerade icht hungrig?« nicht »Doch!«, sondern »Ge-ade bin ich so richtig hungrig«. Das hilft dir päter beim Schneiden.

Suche einen passenden Hintergrund und wähle einen passenden Ausschnitt. Achte auf gute Beleuchtung. Auch wenn früher an der Kamera »vorbei« interviewt wurde – für YouTube und Co. darfst du die Linse bzw. den Zuschauer direkt anschauen. Aber keine Kontrollblicke aufs Display.

IMELAPSE

ängere Bauprojekte oder ein Sonnenunter-ang sehen im Zeitraffer spektakulär aus und nterstreichen die lange Dauer deines Unter-angens. Dazu wird nur alle paar Sekunden ein rame gespeichert. Dabei gilt, dass du je 25 zw. 30 aufgenommene Bilder eine Sekunde ilm generieren kannst. Oft haben Kameras chon Programme für bestimmte Situationen. **Vichtig ist: Während die Timelapse läuft, darf ie Kamera nicht bewegt werden.** Bei längeren ufnahmen kann es zudem notwendig sein, die amera an der Powerbank anzuschließen.

Wenn du einen Camcorder nutzen kannst, stell ihn etwas von dir entfernt auf und zoome so weit ein, dass du von der Hüfte bis über den Kopf zu sehen bist. Das erzeugt eine hübsche Unschärfe im Hintergrund.

it dem Zeitraffer lassen sich ıehrere Stunden in wenigen ekunden darstellen.

ZEITLUPEN

Wenn du schnelle oder unübersichtliche Momente verlangsamt darstellen willst, ist die Zeitlupe hilfreich. Bei ihr wird deine Aufnahme in einem Vielfachen deiner eigentlichen Bildfrequenz aufgenommen. Das heißt, wenn du normalerweise mit 30 Bildern je Sekunde drehst, kannst du aus 60 Bildern je Sekunde die halbe Geschwindigkeit erreichen, also zweifache Zeitlupe. Für vierfache Zeitlupe brauchst du mindestens 120 Frames je Sekunde und so weiter. Achtest du da nicht drauf, kann das Ergebnis hakelig oder unscharf werden. Je mehr Bilder pro Sekunde deine Kamera aufnehmen soll, desto mehr Licht braucht sie. Zeitlupen sind deshalb nichts für die Dämmerung.

PROFI-TIPP

Vorsicht: Achte darauf, dass du nach Aufnahmen mit Zeitlupe und Zeitraffer die Kamera wieder zurück auf »Film« stellst. Sonst produzierst du wie Knossi in *Staffel 2* tonlose Bilder statt Film.

In der Zeitlupe werden für das menschliche Auge zu schnelle Bewegungen sichtbar.

TYPISCHE EINSTELLUNGEN FÜR ZEITRAFFER

Szene	**Intervall**	**Aufnahmezeit**	**Wiedergabezeit (ca.)**
Sonnenauf- und Untergang	5 Sekunden	0,5–2 Stunden	10–50 Sekunden
Wolkenbewegung	10 Sekunden	1–5 Stunden	10–120 Sekunden
Bau Notunterkunft	5 Sekunden	1–3 Stunden	10–30 Sekunden
Sternenbewegung	30 Sekunden	3–8 Stunden	10–30 Sekunden
Sonnenstand (5h)	40 Sekunden	5 Stunden	15 Sekunden

TYPISCHE EINSTELLUNGEN FÜR ZEITLUPEN

Szene	**FPS**	**Verlangsamung**
Fallen eines Baums	120	4x langsamer
Sprung aus 2 Metern	240	8x langsamer
Schießen mit Bogen	500	16x langsamer

EINE FILM-FEHLER

ei den Aufnahmen zu *Staffel 4* habe ich noch-al viel über das Filmen gelernt – und dabei uch viele Fehler gemacht. Meine wichtigsten earnings aus 2 Wochen 7vs.Wild:

ielgerichtet: Bei Selfie-Aufnahmen habe ich ie Kamera oft so gehalten, dass ich überhaupt icht im Bild war.

auschen im Wald: Bei Dämmerung werden ie Aufnahmen der winzigen Actioncam-ensoren grauenhaft und manchmal unbrauch-ar. Verschiebe komplizierte Techniken auf en Tag.

eblendet: Wenn du eine Stirnlampe trägst nd in die Kamera leuchtest, sieht man gar ichts mehr. Besser die Lampe so mit der Hand bschirmen, dass das Licht auf dein Gesicht illt.

odenaufnahme: Mit dem Headstrap lässt ich nicht gut abschätzen, wohin die Kamera eigt. Manchmal nimmst du nur deine Füße uf. Zwischendurch mal die Aufnahmen kon-rollieren.

uscheltalk: Mit gefrorenen und aufgeplatz-en Lippen zusätzlich nuschelnd – das ver-teht niemand. Lieber kürzer und deutlich prechen.

adelöhr: Actioncams haben kleine Mikro-nöffnungen. Fällt Tau oder Regen, werden ie schnell verdeckt und man hört praktisch ichts mehr. Regelmäßig freiblasen.

eekrank: Wenn du die Kamera immer wieder on dir wegdrehst, während du redest, wird der on dumpf und die Aufnahme wirkt hektisch. Venn es nicht unbedingt notwendig ist, teile olche Aufnahmen in zwei separate Einstellun-en auf.

kustik-Chaos: Es rauscht der Bach und feift der Wind – lauter, als man sprechen ann. Eine leisere Umgebung suchen, wenn u wichtiges erzählen möchtest.

Und last but not least: Mach dir nicht so viele Gedanken über die Aufnahmen, sondern filme, was du spannend und interessant findest.

JETZT BIST DU DRAN!

Du hast die wichtigsten Techniken ken-nengelernt, die du zum Überleben nach der Aussetzung und für deinen Film brauchst. **Plane jetzt dein eigenes Aben-teuer, filme es und zeig uns, was du drauf-hast:** Such dir eine bestimmte Technik aus dem *7vs.Wild-Survival-Guide* und mach deinen eigenen Film daraus. Egal ob erster Feuerbohrversuch, Training mit Pfeil und Bogen oder dein erster Löwen-zahnkaffee! Zeig jetzt allen, was du ge-lernt hast.

Dabei muss natürlich nichts perfekt sein – weder die Survival-Technik noch der Schnitt. **Lass uns an deinen Fortschritten teilhaben!**

- Mach deinen eigenen kleinen Film daraus!
- Lade diesen bei YouTube hoch.
- Tagge einfach dein Video im Titel mit **#7vsWildGuide** und markiere meinen YouTube-Kanal **@Joe_Vogel**, damit ich darauf aufmerksam werde.
- Gefällt mir das Video besonders gut, zeige ich Ausschnitte daraus als Story auf Instagram!
- Alle weiteren Infos und Fristen zur Teil-nahme findest du auf meiner Website **joevogel.eu**. Dort gibt es auch aktuelle Termine, Kontaktmöglichkeiten und noch mehr Informationen zu mir.

SCHNITT

Monate vor der Aussetzung beginnt die langwierige und aufwendige Entwicklung des Designs der Staffel durch die Grafikabteilung. Für jede Staffel entwickelt der Grafiker Rico eine ganz eigene Ästhetik, passend zum Drehort und zum Look von 7vs.Wild. Die Sichtung des Rohmaterials nimmt außerdem bei der Produktion die meiste Zeit in Anspruch.

Die von Staffel 1 bis 4 insgesamt über 1100 Stunden bzw. 60 TB Rohaufnahmen werden nachträglich gesichtet und vorsortiert.

Für den unvergleichlichen 7vs.Wild-Sound sorgen seit Staffel 2 die Komponisten Max und Morten von Urtonmusic.

Der Sprecher Rafael Banasik verleiht der Staffel letztendlich den bekannten 7vs.Wild-Ton. Jede Folge wird mehrfach kontrolliert und abgenommen, bevor sie letztendlich hochgeladen und online gestellt wird.

Unverwechselbar: Rafael Banasik ist DIE 7vs.Wild-Stimme.

Die Musik wird in enger Absprache mit der Produktion geschrieben.

Echtzeit: Noch während des Drehs beginnt die Vorsichtung der Aufnahmen.

Herren der Gefühle: Max und Morten von Urtonmusic nutzen zahlreiche, oftmals unkonventionelle Klangquellen für ihren Soundtrack.

Im Schnitt: Ganz am Ende werden GoPro-Content, BTS-Sequenzen und Musik zusammengesetzt.

DANKE!

Es scheint unter Autoren ein beliebter Manierismus zu sein, im Dank hervorzuheben, dass ein Buch ohne die Unterstützung bestimmter Personen nicht zustande gekommen wäre. In diesem Fall ist das jedoch keine bloße Floskel – ohne den enormen Einsatz und die Hilfe zahlreicher Menschen wäre dieses Buch tatsächlich nicht, oder zumindest nicht in dieser Form, möglich gewesen.

Allen voran möchte ich meiner Frau Patricia danken. Sie hat nicht nur mit viel Liebe zum Detail das Layout des Buches gestaltet, sondern darüber hinaus mehrere Hundert Stunden in die konzeptionelle Umsetzung sowie in die Aufnahmen der Anleitungs- und Workshopbilder investiert. Nur durch unsere eingespielte Zusammenarbeit war der Arbeitsumfang für dieses Buch überhaupt zu bewältigen.

Fritz, Max und Johannes haben nicht nur das komplette Konzept 7vs.Wild erfunden, ohne das es dieses Buch selbstverständlich nicht gäbe, sondern mich zudem bei der Arbeit daran sehr unterstützt.

Außerdem gilt mein Dank Dennis, André, Katia und Nils von CaliVision für die tatkräftige Unterstützung sowie Florian, Laura und Claudia vom Verlag Penguin Random House, die unserem Projekt und unserer etwas unkonventionellen Durchführung mit Flexibilität und einem großen Vertrauensvorschuss begegnet sind.

Ebenso wichtig und lieb waren die vielen Gespräche mit Beteiligten und ehemaligen Teilnehmenden vergangener Staffeln. Danke an Fritz, Joey, Sascha, Björn und Ann-Kathrin für ihre Expertenbeiträge und den oftmals sehr unterhaltsamen Austausch.

Ohne die zahlreichen zur Verfügung gestellten Bilder wäre das Buch zudem sehr nackt geworden. Herzlichen Dank für die Aufnahmen von MalaraVan Thanabalasingam, Max Unnützer, Maximilian Kovacs, Daniel Milz, Malina Weber, Rico Davies und Volker Wolf!

Last but not least will ich all jenen danken, die auch in schwierigen Zeiten an mich geglaubt und mich unterstützt haben. Vielen lieben Dank euch allen für eure Mühe!

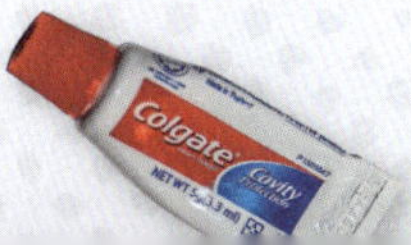

IMPRESSUM

PENGUIN VERLAG

1. Auflage

in der Penguin Random House Verlagsgruppe GmbH,
Neumarkter Straße 28, 81673 München
produktsicherheit@penguinrandomhouse.de
(Vorstehende Angaben sind zugleich Pflichtinformationen nach GPSR.)

Dieses Werk wurde vermittelt durch die Bookbuster Agency, Berlin, Köln, München.

Umschlaggestaltung: Favoritbuero, München

Umschlagmotiv: © Modulo18, Dancake, Net Vector, Corri Seizinger, Miloje, majivecka, ITRarts, GelgelNasution, NadzeyaShanchuk/Shutterstock

Satz: Patricia Braun, Claudia Scheike

Reproduktionen: Lorenz+Zeller GmbH, Inning a. A.

Druck und Bindung: Alföldi Nyomda Zrt., Debrecen

MIX
Papier | Fördert gute Waldnutzung
FSC® C010328
FSC www.fsc.org

Penguin Random House Verlagsgruppe FSC® N001967

Printed in Hungary

ISBN 978-3-328-11309-6

www.penguin-verlag.de

Bildnachweis:

Sofern nicht anders angegeben, stammen die Abbildungen von Joe Vogel und Patricia Braun. Davon abweichend:

Stockfotos: AdobeStock: 99 (Klaus Eppele), Istock: 104 (cinoby, Piyapong Thongcharoen, Francesca Leslie), 105 (JAJMO, Nadya So, EvergreenPlanet), 122 (3drenderings), 143 (Tysb_Oleg), 193 (KennethMarsh), 236 (invizbk); Shutterstock: 188 (Formatoriginal)

Heroshots: (Staffel 1) Max Kovacs/Johannes Hovekamp; (Staffel 2, 3) Rico Davies; (Staffel 4) Malina Weber

Trainingsbilder Sascha Huber: GYMKY.com

Fotos für Kapiteltrenner-Composings: 164/165 und 188/189 – Rico Davies

7vs.Wild-Staffel-Visuals und 7vs.Wild-Screenshots: CaliVision